NOTIONS ABRÉGÉES

DE

BOTANIQUE,

SUIVIES DE L'ANALYSE ET DE LA DESCRIPTION DES FAMILLES DE
PLANTES, D'APRÈS LAMARK ET MÉRAT, D'UN DICTIONNAIRE
DES MOTS TECHNIQUES ET D'UN PETIT CALENDRIER DE FLORE;

A L'USAGE D'UN PENSIONNAT

DE JEUNES DEMOISELLES.

64 Figures dessinées au trait.

PRIX : 75 CENT.

AU MANS,

IMPRIMERIE DE MONNOYER, PLACE DES JACOBINS.

1843.

A UN PENSIONNAT

DE

JEUNES PERSONNES.

L'étude de la Botanique, d'après la pensée de Mérat, dans sa préface de la Flore de Paris, procure de si grandes jouissances, qu'on doit se trouver heureux en cherchant à la propager.

« Cette science, dit-il, occupe tous les âges dans tous » les lieux, dans tous les temps, dans toutes les saisons; » elle apprend à observer, à classer ses idées; elle pro- » cure des sensations douces, paisibles, calme les orages du cœur, entretient la santé du corps....

En est-ce assez, Mesdemoiselles, de ces quelques paroles d'un des premiers botanistes de notre siècle, pour vous inspirer à vous aussi, tant soit peu, le désir d'essayer de cette science? — Oui, n'est-ce pas. — Courage! Vous avez bien pensé. — Aujourd'hui toutes les sciences naturelles sont entrées dans le domaine de l'instruction publique pour les jeunes gens, et souvent même de l'instruction publique la plus élémentaire : tout homme veut savoir, comprendre, analyser ce que la nature lui offre. Il est vrai, qu'après l'affaire de son salut, il a bien droit de tendre à cette haute philosophie. — Vous donc aussi, Mesdemoiselles, prenez une petite part à ce mouvement qui nous entraîne. — Sans prétendre, au titre de femme savante (au contraire fuyez le, car une seule science vous est nécessaire, celle de la femme forte,) qu'au moins les noms, les définitions, certains termes, les heureux résultats des sciences naturelles ne vous soient pas étrangers ; et si vous étudiez, que ce soit la Bonatique, si non beaucoup, du moins un peu. — Un bois frais, une belle prairie, un joli jardin, le parterre de votre petit enclos, n'est-ce pas là votre domaine, à vous, Mesdemoiselles.... Hé bien ! c'est-là que vous irez cueillir, dans vos délicieux passe-temps du jeudi, la racine, la feuille, la fleur, le fruit qui plus d'une fois peut-être sauva votre existence.

Que de jouissances pures, Mesdemoiselles, vous allez vous créer !.. Courir à l'envie après une jolie fleur, qu'on vous aura signalée et que vous ne connaissez pas encore. — La trouver ; puis l'étudier ; puis la classer ; puis savoir si elle donne la vie ou la mort... Puis de nouveau chercher celle-ci et encore celle-là. — La première, vous dira-t-on, croît sur les montagnes et dans les terrains secs ; la seconde dans la vallée et sur le bord des eaux. — Que de jouissances !

Plus tard encore un frère chéri empruntera votre main plus légère que la sienne et déjà façonnée à l'œuvre... Etends, vous dira-t-il, dans ton herbier et dans le mien, cette plante si délicate et si frêle : tu ne l'a pas vue : rien d'étonnant ! Elle était cachée, là bas, sous

un buisson d'épines. — Un père, ami des pauvres, vous
dira, ma fille, va me cueillir la plante du samaritain :
et à une mère expérimentée dans la science de l'écono-
mie domestique, vous saurez apporter toutes celles que
connaissait Marthe. — Mesdemoiselles, encore une fois,
que de jouissances!.. Oh ! comme elles seront suaves et
pures.

Mais, cette science de la Botanique, direz-vous, est
peut être difficile. — *Lisez* et *voyez; apprenez* et *appliquez*, vous répondra, Mesdemoiselles, celui qui avec
zèle et patience a composé, pour vous et uniquement
pour vous, ce petit ouvrage ; et vous verrez bientôt
toute difficulté s'aplanir devant vous.

La méthode naturelle de Jussieu, la Flore de Paris
par Mérat, pour la classification et la description des
familles, l'analyse des familles d'après la méthode de
Lamark, voilà nos guides et nos maîtres. C'est de leurs
ouvrages, si lucides et si clairs, qu'est sorti cet abrégé :
on vient de vous le dire, Mesdemoiselles, il a été fait
pour vous... Les abords de cette science vont donc vous
être rendus faciles.

Un petit dictionnaire des termes scientifiques, épuré
de plus d'un mot, nourri en quelques endroits d'expli-
cations pleines d'intérêt et rédigé également pour vous,
termine ce petit travail.

Au savant Desvaux rendez grâce aussi, Mesdemoiselles, si dans la description des familles vous rencon-
trez parfois des noms *grecs*, *latins*, *gaulois*, d'où elles
tirent leurs noms, si presque à toutes on a accolé les
mots qui désignent leurs propriétés générales : c'est à
son ouvrage sur les plantes de l'Anjou que ces petites
additions ont été empruntées. —Vous le voyez, les sour-
ces où on a puisé sont pures : elles sont d'un bon choix.

Mesdemoiselles, encore une fois, *lisez* et *voyez* ; *apprenez* et *appliquez* ; et bientôt vous comprendrez que, les quelques jouissances promises tout à l'heure, ne seront rien, comparées à ces mille et mille autres, qui, comme les fleurs au printemps, sans cesse naîtront sous vos pas.

NOTIONS

ABRÉGÉES DE BOTANIQUE.

La botanique est l'histoire et l'étude des plantes ou végéteaux.

Un végétal dans sa plus simple expression, au moment où il sort de terre, est composé, excepté dans les plantes qui n'ont pas de graines, comme les champignons, les mousses, etc ; de la radicule F. 1. *a*, partie qui s'enfonce dans la terre, de la tigelle *b*, qui s'élève au-dessus de la terre ; d'une ou deux feuilles séminales *c*, ordinairement épaisses et charnues, et qui sont les lobes de la graine.

Les lobes ou feuilles séminales sont ce que les botanistes appellent cotylédons. Ils servent à diviser le règne végétal en trois grandes classes, les acotylédonnées, F. 2. poussant sans cotylédons ; les champignons, etc. Les monocotylédonnées F. 3., poussant avec un cotylédon ; le blé, les palmiers, etc. Les dicotylédonnées, F. 1, poussant avec deux cotylédons ; les haricots, etc.

Il se compose enfin de la gemmule *d* ou plumule, petit corps qui naît entre les deux cotylédons, ou au milieu du cotylédon quand il n'y en a qu'un, et qui est le rudiment de la tige des feuilles et des fruits.

Dans son plus grand degré de perfection, un végétal est composé, de la racine, de la tige des feuilles, des fleurs et des fruits. Ces différents organes se divisent en deux grandes parties ; les organes de la nutrition, et les organes de la fructification. Les organes de la nutrition sont la racine, la tige et les feuilles. Les organes de la fructification, sont les fleurs avec leurs diverses parties et les fruits.

LA RACINE.

La racine F. 4, est cette partie de la plante qui, presque toujours enfoncée en terre, la fixe au sol et y pompe une partie des sucs qui servent à la nourrir.

Elle se compose de trois parties : du *collet a*, partie supérieure de la racine; de la *racine* proprement dite *b*, au-dessous du collet, espèce de réservoir où sont conduits les sucs pompés dans le sol par le *chevelu* ou *radicules c*, fibres déliés partant de la racine et s'étendant dans toutes les directions.

Les racines se divisent en fibreuses, pivotantes, tubéreuses et bulbeuses.

Les racines *fibreuses* F. 5, se composent d'un grand nombre de fibres simples et grêles, ou épaisses et ramifiées, les *palmiers*, le *blé*, (monocotylédonnées).

Les racines *pivotantes* F. 6, sont celles qui s'enfoncent perpendiculairement dans la terre. Elles sont *simples*, comme dans la carotte, etc., *rameuses*, le frêne, le chêne, etc., (dicotylédonnées).

Les racines *tubéreuses* F. 7, sont irrégulières, arrondies, charnues, plus grosses que la tige et donnent naissance à d'autres corps qui, par l'accroissement, l'égalent en grosseur; la pomme de terre, etc., les orchis.

Les racines *bulbeuses* F. 8, sont régulières, arrondies, succulentes, formées d'écailles plus ou moins serrées, couvertes quelquefois de plusieurs téguments, et fixées inférieurement au sol par une espèce de chevelu; l'oignon, la tulipe, etc.

Les racines, suivant leur durée, sont dites annuelles, lorsqu'elles portent des tiges qui croissent et meurent dans la même année et que ces racines meurent avec elles, le blé, etc.; bisannuelles, lorsqu'elles ne durent que deux années, l'oignon, la carotte, etc.; vivaces, quand elles végétent un certain nombre d'années, soit que la tige meure chaque année ou qu'elle subsiste pendant toute la durée de la racine; les herbes des prairies et les arbres.

LA TIGE.

La tige est cette partie de la plante qui croît en sens inverse de la racine, qui soutient les branches, les feuilles, les fleurs et les fruits, et qui porte à ces divers organes les sucs pompés par la racine, après les avoir élaborés.

Tantôt la tige est ligneuse, munie de branches et de rameaux à son extrémité, comme dans les arbres; alors elle se nomme *tronc*. Tantôt elle est simple, faible, supportant immédiatement les fleurs, n'ayant de feuilles que sur le collet de la racine; comme dans le plantain, la primevère, et on la nomme *hampe*. Elle prend le nom de *chaume* lorsqu'elle est simple, creuse et entrecoupée de nœuds; comme dans le blé, etc. On nomme *stipe* la tige des palmiers, espèce de colonne solide munie d'un bouquet de feuilles à son extrémité.

On dit que la tige est *herbacée* lorsqu'elle est tendre et verte et qu'elle meurt tous les ans; la pluspart des

herbes ; *souligneuse* , lorsqu'elle se convertit en bois et
celle-ci comprend les *sous-arbrisseaux* , se ramifiant dès
la base et ne portant pas de bourgeons; les bruyères, etc.;
les *arbrisseaux*, lorsqu'elle se ramifie dès la base, mais
portant des bourgeons; le lilas, etc. : et les *arbres*, lorsque le tronc est nu et qu'il ne porte des branches qu'à la
partie supérieure; le chêne, etc.

La tige est *sarmenteuse* lorsqu'elle s'élève sur les corps
voisins, au moyen d'appendices nommés vrilles; *grimpante* , lorsqu'elle s'attache aux autres corps, au moyen
de crampons ou mains ; le lierre, etc. ; *volubile* , si elle
s'élève en spirale autour des autres corps; le haricot, etc.;
couchée, lorsqu'elle s'étend sur la terre, sans s'y enra-
ciner ; la mauve, etc. ; *rampante* , s'allongeant sur la
terre, et y jettant des racines; le lierre terrestre, etc. ;
traçante, s'allongeant sur la terre, y jettant des racines,
d'où partent d'autres tiges semblables; le fraisier, etc.

La tige des plantes dicotylédonnées est composée de
six parties bien distinctes F. 9, qui sont en partant de
de l'extérieur, l'épiderme *a*, le tissu cellulaire *b*, le
liber *c*, l'aubier ou faux bois *d*, le cœur de la tige ou
vrai bois *e*, et la moëlle *f*.

L'épiderme *a*, corps très-mince, souvent transparent,
se détachant facilement; est la partie la plus superficielle
de l'écorce. Le tissu cellulaire *b*, placé sous l'épiderme ,
est cette partie verte souvent spongieuse, très-dévelop-
pée dans les arbres ; le chêne à liège, etc.

Le liber *c*, est la partie la plus intérieure de l'écorce,
qui par la macération se détache facilement dans certains bois et forme alors de petits feuillets minces et
membraneux ; le tilleul.

L'aubier *d*, au-dessous du liber qui sert à le former
chaque année, est cette partie blanchâtre du bois qui

forme autour de la partie ligneuse un espèce de cercle ; que l'on distingue très-facilement dans certains arbres ; le noyer, etc.

Le vrai bois ou cœur *e*, est la partie intérieure à l'aubier, plus dur et d'une couleur plus foncée que celui-ci.

La moëlle *f*, est cette partie plus ou moins spongieuse placée au centre de la tige, quelquefois très-sensible ; le sureau, etc.

La tige des plantes monocotydonnées F. 10, n'a ni liber, ni aubier, ni vrai bois. Du centre à la circonférence de la tige, on ne distingue qu'un amas de fibres longitudinales *a*, ligneuses, se prolongeant de la racine au sommet, séparées par une substance *b*, ressemblant à la moëlle des dycotydonnées; elle n'a d'autre écorce *c*, que les restes des feuilles qui sont tombées; les palmiers.

Les dicotylédonnées croissent en grosseur et en hauteur et les monocotylédonnées ne croissent qu'en hauteur.

LA FEUILLE.

La feuille F. 11, est une expansion de l'écorce. Elle est essentiellement composée du disque *a*, partie plaine et verte, des nervures *b*, qui se ramifient plus ou moins en partant de la nervure médiane *c*, comme les branches avec la tige, du pétiole *d*, ou queue qui l'attache à la tige ou aux branches. La feuille a deux faces : la face supérieure ordinairement lisse et comme vernie; la face inférieure souvent rude ou cotonneuse; mais toujours moins lisse que la supérieure. C'est surtout par cette surface que la plante pompe dans l'air les gaz dont elle se nourrit, et qu'elle exhale ceux qui lui sont contraires.

Les feuilles naissent des *bourgeons*, qui sont une

expansion du liber et qui portent d'abord le nom *d'yeux*, et ensuite de bouton.

Les feuilles ont différentes formes; elles sont rondes F. 12, *l'écuelle d'eau;* ovales F. 13, le *mouron des oiseaux;* linéaires F. 14, *la plupart des graminées;* filiformes F. 15, *la renoncule aquatique;* capillaires F. 16, *l'asperge;* cordiformes F. 17, en cœur, *le lilas;* lobées F. 21, plus ou moins profondément divisées, *la mauve;* sagittées F. 18, en flèche, *la sagittaire;* dentées F. 19, *le rosier;* crénelées F. 20, *le lierre terrestre,* etc.

Elles sont encore lisses, cotonneuses, soyeuses, argentées, nervées, etc., etc.

Elles sont simples ou composées. La feuille simple F. 21, peut paraître composée; mais, après un examen un peu attentif, on reconnaît facilement qu'elle est simple, parce qu'alors le limbe de la feuille existe toujours sur la nervure médiane F. 21, et joint toutes les divisions. — Les feuilles composées F. 22, au contraire sont insérées sur un pétiole commun *a*, portant plusieurs folioles *b*, qu'on peut isoler facilement les unes des autres; comme dans l'acacia. Les feuilles sont digitées F. 23, lorsque leurs folioles partent toutes, en divergeant, d'un même point *a*; comme dans le maronnier d'Inde. Pinnées F. 22, lorsque les folioles *b*, sont portées des deux côtés d'un pétiole commun *a*; comme dans le frêne, l'acacia.

Par rapport à leur insertion sur la tige, les feuilles sont; *opposées* F. 24, deux à deux à la même hauteur de chaque côté de la tige; *alternes* F. 25, disposées assez régulièrement à différentes hauteurs sur la tige; *verticillées* F. 26, trois, quatre ou plus autour de la tige à la même hauteur; *fassiculées*, très-rapprochées et comme en paquet.

ORGANES ACCESSOIRES DES VÉGÉTEAUX.

Ces organes, ainsi nommés parce qu'ils ne concourent point essentiellement aux fonctions de la vie du végétal, puisqu'on peut les enlever sans lui nuire, sont les stipules, les vrilles, les chirres ou mains, les épines, les éguillons et les poils.

Les stipules F. 27, sont de petites parties foliacées, attachées aux feuilles et qui forment comme des feuilles avortées à leur insertion sur la tige. — Quand elles existent sur une plante d'une famille, elles existent ordinairement sur toutes les autres; les pois, le tilleul.

Les vrilles F. 28, chirres ou mains ne sont que des organes avortés; tantôt des pédoncules de fleur; comme dans la vigne; tantôt des stipules ou même des rameaux avortés.

Les épines F. 29, sont des piquants formés par le prolongement du tissu interne du végétal et tiennent par conséquent au bois; l'aubépine.

L'éguillon F. 30, ne provient que de la partie la plus extérieure du végétal, (l'épiderme) et ne tient qu'à cette partie; comme dans le rosier.

Les poils F. 31, sont des parties filamenteuses plus ou moins dures, qui servent à l'absorption et à l'exhalaison dans les végéteaux.

LA FLEUR.

La fleur est sans contredit la partie la plus intéressante de la plante, tant par sa beauté que par sa nécessité pour la reproduction des plantes, puisqu'elle renferme le fruit qui lui-même recouvre la graine d'où naît ensuite une autre plante.

La fleur F. 32, est composée du pédoncule *a*, du calice *b*, de la corolle *c*, des étamines *d*, du pistil *e* ; le calice et la corolle, pris ensemble ou séparément, se nomment aussi périanthe.

Le *pédoncule a*, ou queue de la fleur, est cette partie qui est supportée par la tige. Le réceptacle F. 33, qui termine le pédoncule, nul dans la plupart des fleurs, mais existant dans les fleurs composées, comme la paquerette, est formé d'une espèce de plateau *a*, qui sert comme de corbeille pour recevoir toutes ces fleurs si délicates qui embellisent cette plante et toutes celles de son espèce.

Le *calice b*, est cette partie extérieure de la fleur, composé tantôt des parties qui peuvent se séparer l'une de l'autre F. 34, nommées sépalis, le pavot (calice polysépale, polyphylle); tantôt d'une seule pièce plus ou moins profondément divisée F. 36 *a*, (calice monosépale ou monophylle); la campanule. Cette partie est ordinairement verte ; mais cependant elle peut-être colorée, comme dans les liliacées, etc.; et existant sans corolle, elle prend le nom de périgone.

Le calice est dit infère F. 34, quand il s'insère sous l'ovaire ; le pavot, etc. ; supère, lorsqu'il s'insère sur l'ovaire F. 35, le pommier.

La *corolle c*, est cette partie de la fleur presque toujours parée des plus belles couleurs et qui se trouve immédiatement à l'intérieur du calice. Elle est ou d'une seule pièce F. 36 *b*, (corolle monopétale), ou de plusieurs pièces distinctes F. 37, nommées pétales, comme l'œillet (corolle polypétale).

La corolle est ou regulière F. 36, comme dans l'œillet,

la campanille : ou irrégulière, comme dans le mufler
F. 38, les labiées.

La corolle est tantôt en *croix* F. 39 ; les crucifères,
la giroflée ; *en roue* F. 40, rotacées, la bourache : *ailée*
F. 41, les pois ; *personnée* F. 38, le mufler ; *campanulée* F. 36, en cloche, la campanille : *infundibuliforme* F. 42, en entonnoir, le lilas ; *hipocratériforme*
F. 43, en forme de soucoupe, etc., etc.

La corolle, par rapport à ses organes intérieurs, est
dite périgyne, F. 44, insérée sur le calice ; hypogyne
F. 45, insérée sur l'ovaire ; épigyne F. 46, insérée sur
le pistil. Ces caractères donnent trois grandes divisions
dans les classifications des familles.

Les *étamines d*, sont ces espèces de filets plus ou
moins nombreux, plus ou moins déliés et délicats,
portant à leur extrémité une petite tête et qui se trouvent à l'intérieur de la corolle. La partie la plus déliée
F. 47, retient le nom de filet *a*, et la plus petite tête *b*
se nomme anthère ; elle est remplie d'une poussière
extrêmement fine qui se nomme pollen ; ce sont des étamines qui, dans les fleurs doubles, se changent en pétales.

Plus à l'intérieur encore se trouve le *pistil* F. 32 *e*.
Il forme au centre de la fleur comme une colonne portée
sur une espèce de renflement et supportant une espèce
de tête ou couronne. La partie inférieure, qui existe
toujours est l'ovaire F. 48 *a*, la partie qu'il supporte se
nomme le style *b* ; mais cette partie n'existe pas toujours,
alors l'espèce de couronne *c*, qu'il devrait supporter, le
stigmate, est immédiatement insérée sur l'ovaire F. 49.
Lorsque l'ovaire est libre à l'intérieur de la fleur et posé
sur le réceptacle au point d'insertion des étamines de la
corolle et du calice, comme dans le lis, il est dit supère
F. 50. Lorsqu'il est placé au-dessous de ces parties,
comme dans l'iris F. 51, il est dit infère.

Toutes les plantes ne sont pas pourvues de toutes les parties qui viennent d'être décrites. Celles qui les possèdent toutes sont dites fleurs complètes F. 32; celles au contraire dans lesquelles il en manque quelques unes, sont dites fleurs incomplètes F. 50; comme la tulipe, le lys qui n'ont qu'un calice coloré appellé *pétaloïde* ou perigone. Lorsqu'une fleur possède des étamines et des pistils, elle est dite *hermaphrodite.*

Quelquefois il n'existe que des étamines et des pistils dans une fleur. Si ces deux fleurs sont réunies sur le même pied, la plante se nomme monoïque, la citrouille; si au contraire les fleurs avec les étamines sont sur un pied et les fleurs avec les pistils sur l'autre, la plante se nomme dioïque; la mercuriale dioïque.

LE FRUIT.

Le fruit n'est autre chose que l'ovaire développé après la floraison.

Le fruit est simple, lorsqu'il provient d'un seul ovaire, *l'abricot*; multiple, lorsqu'il est formé de plusieurs ovaires qui ont appartenu à la même fleur, la *framboise*; aggrégé, si ces ovaires ont appartenu à plusieurs fleurs différentes, la *mûre*.

On appelle ordinairement fruit, la partie charnue qui enveloppe les graines, comme dans les pommes; mais cette partie n'est que le sarcocarpe, (chair autour du fruit), et le fruit est réellement toute espèce d'enveloppes de graines; on l'appelle péricarpe. Il existe toujours, quelque soit le fruit.

Le péricarpe F. 52, est formé à l'extérieur de l'épiderme *a*, (épicarpe), vulgairement la peau; comme dans la pêche. Il recouvre une partie souvent charnue *b*, succulente, s'ossifiant *c* quelquefois avant d'arriver à la graine, comme dans la pêche, la noix, (sarcocarpe). Enfin, il est tapissé à l'intérieur par une membrane pariétale *d*, formant l'intérieur lisse du noyau (endocarpe); il renferme immédiatement les graines *e*.

Le péricarpe est souvent composé de valves F. 53; ce sont différentes pièces qui, à la maturité, s'ouvrent spontanément; les pois, etc. Les replis de la membrane intérieure *a* du péricarpe se nomment cloisons; elles le partagent en plusieurs loges, en rayonnant du centre à la circonférence ; comme dans la tulipe 53 *bis*.

Les péricarpes sont de deux sortes, charnus ou secs. Les fruits charnus sont la baie dont les graines sont placées çà et là; la groseille.

Le pommone F. 54, dont les graines ovoïdes sont placées dans des capsules au milieu du fruit; la pomme.

Le pépone F. 55, ordinairement très-gros, dont les graines sont placées au centre, sur deux séries, mais sans cloisons; la courge.

La drupe F. 52, dont la graine ou amande est recouverte d'une enveloppe osseuse; l'abricot, la noix, etc.

Le gland F. 56, fruit ligneux, contenant une ou deux semences; le gland de chêne, la noisette, etc.

La capsule F. 57, contenant un grand nombre de semences; comme le pavot. Cependant on appelle capsule, le péricarpe du châtaignier et du maronnier.

La gousse F. 53, est un fruit à deux valves nommées cosses; les graines y sont attachées sur une seule suture; le pois.

La silique F. 58, est aussi un fruit à deux valves; mais ayant deux sutures où les graines sont attachées alternativement; le choux.

La silicule F. 59, est une petite silique qui ne contient qu'une ou deux graines ; le thlaspi.

Le cône F. 60, est un assemblage ovoïde, écailleux, coriace, imbriqué autour d'un axe commun ; le pin, le sapin.

LA GRAINE.

La graine est formées de deux parties : l'épisperme *a*, ou tégument propre, et de l'amande *b*, contenue dans l'épisperme.

L'épisperme est proprement ce qu'on appelle la peau de la graine, comme dans le pois, etc.

L'amande n'est quelquefois formée que de l'embryon F. 1, comme dans le haricot : d'autres fois elle renferme un autre corps accessoire, qu'on appelle endosperme F. 3 ; il est farineux comme dans les graminées, oléogineux ou coriace dans d'autres plantes, etc. — L'embryon est formée de quatre parties comme nous l'avons vu au commencement. Elles comprennent toute la plante en miniature ; le corps radiculaire, le corps cotylédonnaire, la gemmule et la tigelle F. 1.

TABLE ALPHABÉTIQUE DES FAMILLES.

CLEF DU SYSTÈME DE MÉRAT,

SUIVI

DANS L'ANALYSE DES FAMILLES.

———o❁o———

ACOTYLÉDONÉS. — CRYPTOGAMES.

Aphyles.
Foliés.

MONOCOTYLÉDONÉS. — PHANÉROGAMES.

Squamiflores.

Monopérianthés { Supérovariés.
Inférovariés.

Dipérianthés { Inférovariés.
Superovariés.

DICOTYLÉDONÉS.

Monopérianthés { Inférovariés.
Superovariés.

Dipérianthés {
Monopétales { Supérovariés.
Inférovariés.

Polypétales { Inférovariés.
Supérovariés.

Squamiflores.

ANALYSE

DES FAMILLES DE PLANTES,

D'APRÈS LA MÉTHODE DE LAMARCK.

———o⊕o———

Les chiffres arabes sont pour l'analyse des familles.
Les chiffres romains, pour la description des familles.

8
- Fructification consistant en une urne pédicellée et operculée. . . . . . . Mousses. VII
- Fructification consistant en une capsule en forme de globule, de corne, de tube, pédicellée, plurivalve, sans opercules. . . . . Hépatiques. VI

9
- Plantes composées d'une substance spongieuse, subéreuse, souvent gélatineuse avec des feuillets, lames ou tubes diversement colorés, mais jamais en vert. . . . . Champignons.
- Plantes composées d'une substance non spongieuse. 10

10
- Plantes aquatiques diversement colorées, vertes, etc.. . . . . Algues. III
- Plantes non aquatiques.. 11

11
- Plantes croissant sur la terre, les pierres, les écorces d'arbres, les bois morts, en forme d'expansion de formes variées, fructifications en forme de tubercules, d'écussons, etc., sessiles ou portées sur une espèce de tige. . . . . . . Lichens. IV
- Plantes croissant rarement sur la terre et les pierres, mais sur les arbres et le bois mort, expansions coriaces, noires, rarement rouges, à base mince, fructification de forme globuleuse fermée d'abord, s'ouvrant ensuite par un trou ou fente au sommet. . . . . Hypoxylées. II

12
- Plantes levant avec une seule feuille séminale; tige poreuse ayant la moëlle dispersée inégalement avec les fibres ligneuses sans être réunies dans un canal central; écorce nulle, feuilles portant presque toujours des nervures parrallèles simples. . 13
- Plantes levant avec deux feuilles séminales, tige ayant la moëlle réunie dans un canal central entouré de zones concentriques régulières, feuilles à nervures presque toujours rameuses, écorce sensible.. . . 26

MONOCOTYLÉDONÉES.

DICOTYLÉDONÉES.

2*

DESCRIPTION DES FAMILLES.

PLANTES ACOTYLÉDONÉES.

I CHAMPIGNONS. — Plantes jamais vertes, fongueuses; spongieuses ou subéreuses, en forme de chapeau, de massue, de lames, etc, dont les fructifications sont réunies en une membrane externe, qui recouvre tout ou partie de leur surface. — Alimentaires ou vénéneux pour la plupart. — Sur la terre et les matières en putréfaction.

II HYPOXYLÉES. — Plantes noirâtres, denses, coriaces formées de loges creuses, formées par séries, d'abord fermés, puis s'ouvrant par un pore ou une fente, d'où sortent les fructifications qui sont enchassées dans une matière mucilagineuse. — Sous l'écorce des bois morts. — Étym. de deux mots grecs, *Upo*, sur, et *xulon*, bois.

III ALGUES. — Plantes aquatiques, flottantes, en des lieux humides, gélatineuses ou filamenteuses; capillaires ou membraneuses, vertes ou colorées; articulées ou continues, à fructification extérieure ou se reproduisant par une division de leurs parties. — Odeur marécageuse. — A terre dans les allées de jardin, les ruisseaux croupissant. Vulg. Limon.

IV CHARACINÉES. — Plantes aquatiques; à tiges et feuilles articulées, verticillées, à fructifications consistant en coques crustacées, ovoïdes, en spirales et terminées supérieurement par cinq dents. — Odeur comme fétide. — Les étangs et les mares.

V. LICHENS. — Plantes jamais vertes consistant en une couche pulvérulente; crustacées, portant des fructifications sessiles, poriformes tuberculeuses ou cupuliformes.

Amères, Alimentaires, tinctoriales, fébrifuges, antiphtisiques. — Sur les rochers, les toits, la terre, les arbres.

VI. Hépatiques. — Plantes de couleur verte, consistant en une expansion ou une tige à feuilles lobées, à fructifications pédicellées, capsuliformes, (sans opercule ni coiffe). — Médicinales autrefois. — Sur les pierres à l'ombre, dans les forêts sur la terre, sur le pied des arbres.— La canetille.

VII. Mousses.— Plante de couleur verte, consistant en une expansion ou tige foliacée, à feuilles simples jamais lobées, à fructifications pédicellées, capsuliformes, fermées par une opercule et recouvertes d'une coiffe.— Purgative.— Sur les murs, la terre.

VIII. Equisétacées.— Plantes terrestres, à tiges et à rameaux linéaires, verticillées, terminales, composées de corps imitant une tête de cloux, et qui recouvrent des cornets membraneux. — Economiques, alimentaires. — Etym. de *Equus* (latin), cheval, et *seta*, crin. — Vulg. queue de cheval.

IX. Fougères. — Plantes terrrestres, à tiges herbacées ou ligneuses, à feuilles alternes, le plus souvent composées, se déroulant en crosse, à fructifications agglomérées, placées sous les feuilles, de forme capsulaire, souches ordinairement rampantes. — Alimentaires par les souches.

X. Lycopodiacées. — Plantes terrestres suffrutescentes en forme de mousse, à tiges foliacées ; à feuilles alternes simples, à fructifications axillaires, ou réunies en épis, consistant en une capsule qui, en s'ouvrant, repand une poussière fine et ronde. — La poussière sert aux feux d'artifice des théâtres. — Tinctoriales, vénéneuses à haute dose. Etym. du grec, *Lucos*, loup, et *pous, podos*, pied ; ses sommités ressemblent à des pattes velues.

XI. Marsiléacées. — Plantes aquatiques, à tiges herbacées; à feuilles simples ou composées, roulées en crosse, à fructifications radicales, globuleuses. — Le bord des mares et des étangs, rares. — Etym. du célèbre naturaliste italien Marsigli, mort en 1730.

PLANTES MONOCOTYLÉDONÉES.

XII. Graminées. — Plantes herbacées à tige articulée, noueuse, cylindrique, fistuleuse, à feuilles alternes, linéaires ou lancéolées, à gaine fendue; fleurs en épis ou en panicule. — Alimentaires pour les hommes et les animaux par les graines, et par les feuilles pour ces derniers. — Le blé, l'orge et la plus grande partie des plantes vulgairement appelées herbes.

XIII. Cypéracées. — Plantes herbacées, ayant l'aspect des graminées, à tiges sans nœuds, rarement articulées, pleines d'une moelle spongieuse, cylindriques ou triangulaires, à feuilles linéaires, à gaine entière, fleurs en épi. — Alimentaires pour les animaux par les feuilles, et pour l'homme par les souchets de quelques unes. — Les roseaux, les marais.

XIV. Typhacées. — Plantes aquatiques, ressemblant aux graminées; sans nœuds, fleurs monoïques, disposées en chaton oblong ou globuleux. — Les étangs. On fait des nattes avec les feuilles. — Vulg. quenouilles. Etym. du grec, *Typhoé*, marais.

XV. Nayadées. — Plantes aquatiques, inondées, à feuilles transparentes, minces. Fleurs monoïques ou hermaphrodites, périanthe nul, ou d'une à quatre folioles. — Les étangs, les rivières.

XVI. Joncées. — Plantes herbacées, à feuilles alternes, engaînantes, ayant l'aspect des graminées, feuilles le plus souvent rondes. Périanthe à 6 divisions glumacées, dont 3 plus intérieures. — Les bords des étangs, des ruisseaux et les côteaux secs. — Etym. de *Jungo*, je lie, servant à faire des liens.

XVII. ASPARAGINÉES. — Plantes herbacées ou suffrutecentes, périanthe simple, pétaloïde ayant 4, 6 ou 8 divisions avec autant d'étamines que de divisions, fruit en baie. — Alimentaires, économiques, médicinales — Etym. du grec, *Sparagasso*, je déchire; les asperges de l'orient ont des épines. — Les asperges, le muguet.

XVIII. COLCHICACÉES. — Plantes bulbeuses, périanthe pétaloïde à 6 divisions, 6 étamines, feuilles croissant au printemps et fleurs ne paraissant que lorsque les feuilles ont disparu. — Vénéneuses, employées contre la goutte. — Etym. de sa ressemblance comme poison avec les plantes de la Colchide. Le Colchique.

XIX. LILIACÉES. — Plantes bulbeuses à feuilles sessiles, engaînantes; périanthe pétaloïde à 6 divisions, 6 étamines, un style unique, une capsule à 3 valves. — Quelques-unes alimentaires; d'autres vénéneuses, tinctoriales. — Le lys, la tulipe, la jacinthe, l'ail.

XX. NARCISSÉES. — Plantes bulbeuses, à feuilles radicales, engaînantes, planes, à fleurs portées sur une hampe, recouvertes avant leur épanouissement, d'une enveloppe membraneuse (spathe). Périanthe à 6 divisions colorées, pétaloïdes, régulières, 6 étamines, un style. — Vulg. des pâques. Etym. du grec *Narkè*, engourdissement, parce que d'après Plutarque, la fleur du narcisse endort les nerfs.

XXI. IRIDÉES. — Plantes à racines fibreuses, tubereuses ou bulbeuses; à feuilles caulinaires, engaînantes souvent ensiformes, alternes; fleurs enveloppées

dans une spathe membraneuse avant leur épanouissement ; périanthe à 6 div. colorées, pétaloïdes, irrégulières, 3 étamines, un style. — Economiques par leurs
feuilles. — Médicinales par leurs racines. — Etym.
d'*Iris*, mot égyptien qui veut dire œil, à cause de ses
couleurs diverses. — Le bord des eaux.

XXII. Orchidées. — Plantes à racines tubéreuses, à
tige simple, à feuilles engaînantes, à fleurs en épis, à
périanthe pétaloïde à 6 div. irrégulières, dont 3 exté-
rieures, servant de calice, et 3 intérieures, de corolle;
l'inférieure de celles-ci, souvent très-allongée, pen-
dante, quelquefois terminée en dessous par un éperon.
Fleur imitant souvent la forme des insectes. — Alimentaires par les tubercules; odeur quelquefois agréable
quelquefois fétide. — Vulg. Pentecôte.

XXIII. Aroïdées. — Plantes à racines tubéreuses, à
feuilles simples, alternes, engaînantes, fleurs réunies
dans une véritable spathe, coloré, fruit en baie. —
Alimentaires par la fécule de leurs racines, vénéneuses
par le spadice qui surmonte les fleurs. — Vulg. Batas,
Religieuse.

XXIV. Tamnées. — Plantes volubiles à fleurs dioïques, périanthe herbacé, calicinal régulier; 6 étamines;
3 styles, fruit en baie rouge. — Etym. de *Tam*, ancien
mot qui veut dire rouge, de la couleur de son fruit.

XXV. Hydrocaridées. — Plantes aquatiques, à feuilles ord. radicales, à pétiole très-allongé; à fleurs portées
sur une hampe contenue dans une spathe divisée en
deux, calice et corolle à 3 divisions, étamines en nombre indéfini, un seul ovaire infère. — Etym. de *Udor*,
eau, et *charis*, grâce (qui embellit les eaux).

XXVI. Alismacées. — Plantes aquatiques, feuilles à
la base des tiges, pétiolées ou engaînantes, à fleurs ter-

minales, perianthe tripartite; 6 à 25 étamines, plusieurs
ovaires supères. — Etym. du celtique, *Alis*, eau, de leur
localité.

PLANTES DICOTYLEDONÉES.

XXVII. Eléagnées. — Plantes à feuilles alternes ou
verticillées; à fleurs parfois portant des étamines et des
pistiles sur différents périanthes. Périanthe calicinal,
d'une à cinq divisions, fruit infère. — Dans les lieux
arides et les lieux inondés.

XXVIII. Aristolochiées. — Plantes à feuilles simples,
alternes; fleurs irrégulières, à périanthe d'une seule
pièce, entier; 6 à 12 étamines; un style court, ovaire
infère.

XXIX. Daphnées. — Plantes frutescentes, à feuilles
simples, ord. alternes, périanthe tubuleux, coloré,
étamines insérées à l'orifice du tube en nombre double
des divisions du périanthe : fruit quelquefois en baie.
— Tinctoriales et suspectes et quelquefois vénéneuses.
— Le Daphné.

XXX. Ulmacées. — Arbres à feuilles alternes, simples,
à fleurs axillaires, fasciculées ou en épi; périanthe
unique, à 4-5-6 dents; 4 à 8 étamines. — Etym. du
celtique, *Elm*, orme. — L'ormeau; économiques.

XXXI. Sanguisorbées. — Plantes herbacées, à feuilles
alternes, composées, ou lobées, périanthe d'une seule
pièce, de 4 à 8 divisions; étamines en nombre indéfini,
2 style. — Médicinales. — Etym. des mots latins,
Sanguis-sorbere, arrêter le sang.

XXXII. Urticées. — Plantes herbacées, souligneuses,
dont le suc propre est quelquefois laiteux, à feuilles
hérissées de poils rudes; fleurs petites, verdâtres mo-

noïques ou dioïques, solitaires ou agglomérées en chaton ; perianthe d'une seule pièce à plusieurs divisions ,
3 à 5 étamines, un ovaire simple. — Sucs vésicants. —
Alimentaires par les fruits. — L'ortie, le houblon , le
mûrier, le figuier.

XXXIII. Polygonées. — Plantes herbacées dont les
bords sont roulés en dehors dans leur jeunesse, alternes,
engaînantes à leur base, périanthe d'une seule partie ,
4 à 6 divisions ; 3 à 12 étamines, un style parfois nul ;
fruit ord. triangulaire. — Alimentaires , médicinales, tinctoriales., fécules dans les graines. — L'o-
seille, le blé-noir. — Etym. du grec, *Polus*, plusieurs, et
gonu, genoux , de la forme noueuse des tiges.

XXXIV. Atriplicées. — Plantes herbacées à feuilles
alternes, sans gaîne à la base, périanthe calicinal , à 5
folioles ; 1 à 5 étamines ; 1 à 2 styles ; calice croissant
quelquefois à la maturité du fruit. — Alimentaires. —
L'arroche, les épinards, la bette, la betterave.

XXXV. Amaranthacées. — Plantes herbacées à feuilles simples, alternes entières ; fleurs petites, nombreuses, colorées, persistantes ; périanthe à 3 à 5 folioles
(corolle), souvent garni à sa base d'écailles colorées
(calice) ; 3 à 5 étamines, un ovaire simple ; 1 à 3
styles. — L'amaranthe.

XXXVI. Euphorbiacées. — Plantes herbacées ou frutescentes, à tiges cylindriques, rameuses, à feuilles
simples, fleurs petites herbacées, monoïques ou dioïques, périanthe unique ; un ovaire stipulé, surmonté de
2 à 3 styles , suc propre , souvent laiteux. — Economiques, souvent vénéneuses. — Médicinales. — Etym.
d'un médecin nommé Euphorbe. — Le buis, l'Euphorbe,
vulg. omblette. La mercuriale, vulg. ramberge.

XXXVII. Jasminées. — Plantes à tiges ligneuses, ar-

3

borescentes , à feuilles opposées, simples ou ailées ;
fleurs en panicule, calice entier ou divisé, corolle tubuleuse , régulière à 4 à 8 divisions ; 2 étamines ; un style;
fruit en baie ou en capsule. — Economiques. — Le
jasmin, le troène, le syringa, le frêne, le lilas.

XXXVIII. Plantaginées. — Plantes herbacées , à tiges
nues , à feuilles simples souvent radicales, fleurs en
épis, allongées ou en tête ; perianthe double à 4 divisions ; 4 étamines; un style. — Le plantain.

XXXIX. Apocynées. — Plantes ligneuses ou vivaces,
contenant souvent un suc acre et caustique, feuilles
opposées, fleurs ordin. en ombelle simple ou corymbe,
calice à 5 divisions, corolle à 5 lobes obliques, 5 étamines alternes avec les lobes de la corolle; un style. —
Médicinales , quelquefois vénéneuses ; alimentaires
par les fruits. — La pervenche.

XL. Gentianées. — Plantes à tiges herbacées ; à
feuilles entières, sessiles opposées, calice d'une seule
pièce , divisé; corolle tubuleuse régulière à divisions
égales à celles du calice, ord. cinq ; 5 étamines ; une
capsule. — Fébrifuges. Etym. de *Gentius*, roi d'Illyrie,
qui le premier l'employa. — La petite centaurée.

XLI. Primulacées. — Plantes herbacées, à tige nue
ou feuillée; à feuilles simples ordinairement opposées ;
fleurs à calice divisé, corolle à 5 lobes, ord. 5 étam. opposées aux lobes de la corolle, un style. — Economiques. — Etym. du latin, *Primus-ver*, premier, au
printemps. — La primevère, le mouron rouge.

XLII. Convolvulacées. — Plantes à tige herbacée
souvent grimpante, volubile, à feuilles simples alternes,
quelquefois nulles; calice à 5 parties; corolle régulière
ord. à 5 plis, 5 étamines, un ou 2 styles, une capsule

— Purgatives. — Le convolvulus. — Le volubilis. — La belle de jour.

XLIII. Solanées. — Plantes herbacées; à feuilles alternes, calice à 5 parties, corolle régulière à 5 div.; 5 étamines; un style, fruit en baie ou en capsule. — Plantes d'un aspect triste et sombre; en général suspectes; ord. narcotiques et vénéneuses. — On cultive le tabac, la pomme de terre, la morelle.

XLIV. Boraginées. — Plantes herbacées; tige à rameaux alternes, ainsi que les feuilles sessiles entières, simples, rudes par leurs poils. Fleurs en épi unilatéral, roulé en crosse ord. — Calice à 5 parties, corolle tubuleuse à 5 divisions; ovaire supère, quadrilobé. — Racines colorantes et mucilagineuses quelquefois. — Généralement émollientes. — Etym. du latin, *Cor, ago*, je donne du cœur. — La bourache, la pulmonaire, l'héliotrope, le myosotis.

XLV. Ericinées. — Plantes à tige ordinairement ligneuse, à feuilles simples, souvent ramassées par 3-4 à chaque nœud. Calice profondément divisé, corolle monopétale, étamines définies; un style, ovaire simple supère. — Ord. économiques. — Les bruyères.

XLVI. Globulariées. — Plantes à feuilles alternes simples; fleurs en tête placées sur un réceptacle paliacé, et entourées d'un involucre commun; calice monophylle tubuleux, à 5 div.; corolle monopétale irrégulière à 5 lobes inégaux; 4 étamines égales; un style simple, ovaire supère. — Purgatives. — Sur les pelouses sèches. — Etym. de leur forme en boule.

XLVII. Verbénacées. — Plantes souvent frutescentes; à feuilles ord. simples et opposées; fleurs à calice tubuleux; corolle tubuleuse à limbe irrégulier, quinquefide; 4 étamines didynames, quelquefois 2 ou 6, un

style, ovaire supère, un fruit à 4 parties. — Très-van-
tées autrefois pour leurs vertus, surtout pour la gué-
rison des douleurs. — La verveine.

XLVIII. Scrophulariées. — Plantes herbacées, à
feuilles simples, à fleurs munies de bractées ; calice tubuleux, divisé ; corolle irrégulière à 5 lobes inégaux,
planes, non labiés ord. ; 2-4 étamines quelquefois didynames, un ovaire supère, un style. — Médicinales.
— La molène, la digitale.

XLIX. Utriculariées. — Plantes aquatiques, herbacées, calice à 2-5 parties, corolle à deux lèvres irrégulières ; à éperon, 2 étamines, un style ; un ovaire supère, feuilles en racine ou en rosette.

L. Orobanchées. — Plantes parasites, à tige herbacée
simple, charnue, garnie d'écailles alternes, rempla-
çant les feuilles, fleurs en épi munies de bractées, calice à 4-8 div. ; corolle labiée, 4 étamines didynames ;
1 ovaire simple, supère, un style. — Sur les racines
des plantes.

LI. Pediculariées. — Plantes herbacées, à feuilles
simples ou composées, alternes ou opposées ; fleurs
irrégulières bilabiées, à lèvres quelquefois fermées ; 4
étamines didynames, l'ovaire supère ; un style. — Le
muflier, vulg. gueule de lion (antirrhinées des auteurs).

LII. Labiées ou Salviées. — Plantes à tige herbacée,
quarrée, à rameaux opposés, feuilles simples souvent
entières opposées ; fleurs verticillées, entourées de
bractées, calice à 5 div. ou à 2 lèvres ; corolle tubuleuse, labiée ; 2 à 4 étamines ; ovaire supère, quadrilobé, un style. — Aromatiques, médicinales. — La
sauge, la lavande, la menthe.

LIII. Lobéliacées. — Plantes herbacées contenant un

suc laiteux acre, caustique; tiges rondes, rameuses; feuilles alternes; corolle tubuleuse, irrégulière, à 2 lèvres, divisées en 5 lobes linéaires; 5 étamines; un style, ovaire infère. — Poison actif. — Etym. du savant Lobel, médecin et botaniste Anglais, mort en 1616.

LIV. Campanulacées. — Plantes herbacées, à suc laiteux, amer, à tiges rondes, rameuses; feuilles alternes, corolle campanulée, à 5 dents; 5 étamines, ovaire semi-infère, un style. — Economiques, quelquefois alimentaires, souvent vénéneuses. — La campanule, la raiponce. — Etym. de *Campana*, cloche.

LV. Valerianées. — Plantes herbacées, à tige arrondie : à feuilles opposées ; calice à dents roulées dans leur jeunesse ; corolle tubuleuse à 5 div. quelquefois inégales; 1-5 étamines; un style, un ovaire infère, une capsule couronnée par le calice, développé en une aigrette sessile, plumeuse ou nue. — Economiques et alimentaires par les feuilles, médicinales par les racines. — Etym. de *Valere*, se bien porter. — La valériane, la mache, vulgairement boursette.

LVI. Vaccinées. — Sous-arbrisseaux à feuilles alternes simples ; fleurs axillaires, calice monophylle, entier ou à 4 div.; corolle à 4 lobes ou 4 pétales, 8 étamines, un style, un ovaire infère, fruit en baie. — Economiques. — L'airelle myrtile, vulg. sentine. Les forêts.

LVII. Cucurbitacées. — Plantes herbacées, sarmenteuses, rampantes, hérissées de poils raides, à tiges grosses, succulentes, fistuleuses, à feuilles alternes, simples, pourvues de vrilles; fleurs axillaires monoïques ou dioïques; calice et corolle à 5 parties, étamines 5 ; un style, un ovaire infère, fruit charnu (pépon), à écorce souvent solide. — Economiques, alimentaires par les fruits; quelquefois suspectes. — La citrouille.

LVIII. Caprifoliées. — Plantes souvent arborescentes, à feuilles opposées, à fleurs terminales, en corymbe; calice à 5 div.; corolle monopétale à 5 lobes, 5 étamines; un style, un ovaire infère, une baie. — Médicinales et vénéneuses. — Economiques. — Etym. grimpant comme les chèvres. — Chevrefeuille, viorne, sureau.

LIX. Rubiacées. — Plantes herbacées, souvent hérissées de poils crochus, tige quadrangulaire, feuilles simples verticillées, sessiles; fleurs en grappe, calice petit, monophylle à 4 dents; corolle régulière, tubuleuse à 4 div., 4 étamines, un style; ovaire infère, 2 fruits accolés. — Racines ord. colorées en rouge. — Economiques, tinctoriales, médicinales. — Etym. de Ruber, rouge; de la couleur de leurs racines.

LX. Dipsacées. — Plantes herbacées à feuilles opposées, à fleurs terminales, ramassées en tête sur un réceptacle commun, et entourées d'un involucre commun; calice propre double; corolle monopétale, tubuleuse, divisée en 4-5 dents; 4 étamines, un style, un ovaire infère. — Economiques, médicinales. — Etym. de Dipsao (grec), j'ai soif. A la jonction des feuilles, l'eau s'accumule; de là le nom de cabaret des oiseaux, ou cardère. — La scabieuse.

LXI. Chicoracées (semi-flosculeuses). — Plantes herbacées, lactescentes; à tige arrondie, rameuse; à feuilles alternes, roncinées; fleurs hermaphrodites, réunies sur un réceptacle commun, nu ou garni de paillettes, entourées d'un involucre, formé d'un ou plusieurs rangs de folioles; corolle tubuleuse terminée en languette, dépourvue de calice propre : 5 étamines

libres par leurs filets et soudées en tube par leurs anthères, par où passe le pistil, fruits infères, stries en
long avec une aigrette. — Economiques, alimentaires.
— La laitue, la chicorée.

LXII. Carduacées (flosculeuses). — Plantes herbacées, à tige arrondie, rameuse, à feuilles alternes, souvent roncinées et épineuses : fleurs réunies sur un réceptacle commun, imbriqué, souvent épineux : toutes
les corolles tubuleuses ord. hermaphrodites à 5 lobes
égaux : parfois sans étamines, ni pistils, alors souvent
irrégulières et placées à la circonférence. 5 étamines,
libres par leurs filets et soudées en tube par leurs anthères, par où passe le pistil, un style : fruit inféré
surmonté ord. d'une aigrette. — Médicinales. — Le char-
don, l'absinthe.

LXIII. Astérées (radiées). — Plantes herbacées, à
tiges arrondies, rameuses, à feuilles alternes, dépourvues d'épines ; fleurs réunies sur un réceptacle nu ou
garni de paillettes, entouré d'un calice commun, simple,
ordinairement imbriqué, non épineux. Corolles du
disque en fleurons jaunes, celles de la circonférence, en
demi-fleurons de couleur variée, entiers ou dentés : 5
étamines, libres par leurs filets et soudées en tube par
leurs anthères, par où passe le pistil ; un style, fruit
inféré, nu ou surmonté de soies. — Médicinales. —
La pâquerette, le chrysantemum, le soucis, la verge
d'or, le pissenlit.

LXIV. Ombellifères. — Plantes herbacées à tige cylindrique, striée, sillonnée, à feuilles alternes, portées par des pétioles à bases engaînantes, ord. divisées
en folioles étroites, à fleurs disposées en ombelles simples ou composées, ord. entourées à leur base par un
involucre formé de folioles et par une involucelle à la

base des secondes ombelles ou ombellules. Calice à 5 dents, corolle de 5 pétales souvent cordiformes. Cinq étamines; deux styles, fruit infère, disperme, un ovaire infère. — Economiques, alimentaires, médicinales. — Le cerfeuil, le fénouil, la ciguë.

LXV. Onagrées. — Plantes herbacées, à feuilles simples; calice à 2-4 folioles ou 4 divisions profondes. Corolle de 2 ou 4 pétales; 2-4 ou 8 étamines, au-dessus de l'ovaire infère. Capsule. — L'onagre, vul. belle d'onze-heure. La macre. — Alimentaires.

LXVI. Grossulariées. — Arbrisseaux à feuilles alternes ou opposées; calice monophylle à 4-5 pétales; 4-5 étamines, un ovaire infère, un style, un fruit mou (baie ou drupe); économiques, alimentaires, médicinales. — Le groseiller, le lierre, le cornouiller.

LXVII. Loranthées. — Plantes parasites, à feuilles opposées, entières, calice entier peu saillant; corolle de 4-6 pétales; 4-6 étamines; 1 style; une baie infère. — Economiques, alimentaires pour les animaux, médicinales. — On fait de la glue des baies du gui.

LXVIII. Pomacées. — Arbres ou arbrisseaux à feuilles alternes; fleurs en corymbe, calice monophyle, à 5 div. profondes; corolle à 5 pétales en rose au sommet du calice, environ 20 étamines, un ovaire infère, surmonté de 1-5 styles, fruit charnu. — Alimentaires, économiques, médicinales. — Le pommier, le poirier, le sorbier, le néflier.

LXIX. Staticées. — Plantes à feuilles alternes, simples, souvent radicales, fleurs en tête, ou en nombreux épis paniculés, calice tubuleux; corolle de 5 pétales onguiculées, 5 étamines sur les onglets, un ovaire, avec 5 styles ou 5 stygmates, une capsule. — Dans les jardins, le gazon, la mousse de mer.

LXX. Paronychiées. — Plantes herbacées, à feuilles simples stipulées, fleurs en petits paquets axillaires ou terminaux, calice de 5 folioles, ou 5 lobes profonds, corolle de 5 pétales, petits, en écailles, linéaires; 5 étamines, sur le calice, 1 ovaire supère, 2 styles, une capsule enveloppée par le calice persistant.

LXXI. Viticées. — Arbrisseaux à tige volubile, à rameaux comme articulés, noueux, feuilles alternes, stipulées, vrilles opposées aux feuilles; fleurs petites, verdâtres, calice presqu'entier; corolle 4-6 pétales, étamines 4-6 sur l'ovaire, supère surmonté d'un style, une baie. — Économiques, alimentaires, médicinales. — La vigne, la vigne vierge.

LXXII. Rhamnées. — Végétaux à tiges frutescentes ou arborescentes, feuilles simples, stipulées, parfois persistantes, fleurs petites verdâtres; calice monophylle, à 4-5 dents, corolles à pétales alternes avec les lobes du calice; 4-5 étamines attachées sur le calice; ovaire simple; supère, portant un ou plusieurs styles ou stygmates, fruit en baie. — Médicinales, économiques. — La bourdaine, le houx, le fusin, vulg. bonnet carré.

LXXIII. Berbéridées. — Plantes souvent frutescentes, à feuilles ord., alternes simples, calice à plusieurs folioles; pétales en nombre égal, autant d'étamines; ovaire supère portant un style simple ou nul, baie. — Alimentaires, économiques, rafraîchissantes. — L'épine-vinette.

LXXIV. Crucifères. — Plantes herbacées à tige cylindrique, à feuilles alternes, à fleurs ord., terminales paniculées ou en grappes opposées aux feuilles, calice de 4 folioles, inégales, concaves à la base, caduques; corolle de 4 pétales en croix, alternes avec les folioles du calice; ord. onguiculés, 6 étamines, dont 4 plus

3*

grandes (tétradynames), ovaire supère, un style, capsule allongée (silique) ou courte (silicule), à deux valves parallèles. — Plantes quelquefois alimentaires , ord. acres, antiscorbutiques. — Le navet , le choux , la moutarde, le cresson , la géroflée, le thlaspi.

LXXV. Rutacées. — Plantes herbacées, à feuilles alternes , composées; à fleurs terminales , calice monophylle à 4-5 division ; corolle de 5 pétales alternes avec les divisions du calice, 8-10 étamines , au-dessous du pistil , un ovaire supère surmonté d'un style, capsule. — Très-amère ord., vermifuge. — La rue.

LXXVI. Acérinées. — Arbres à feuilles opposées; calice monophylle à 5 divisions; corolle 5 pétales; 8-10 étamines inserrées sous le pistil; ovaire supère, un style; deux capsules comprimées réunies à leur base, terminées par 2 ailes. — Economiques. — Etym. du celtique , *Ac* , pointe dure ; servant à faire des piques. — L'érable.

LXXVII. Hyppocastanées. — Arbres à feuilles opposées ; calice ventru , monophylle à 5 dents; corolle à 5 pétales irrégulières ; 6-7 étamines, insérées sous le pistil, ovaire supère; un style simple ; capsule épineuse. — Economiques, médicinales. — Le maronnier.

LXXVIII. Dianthées (caryophillées des auteurs). — Plantes herbacées, à tige cylindrique, articulée, à feuilles simples, entières, opposées, souvent connées à la base; calice monophylle, presque toujours persistant à 4-5 divisions, corolle de 4-5 pétales, souvent onguiculées, alternes avec les divisions du calice, souvent échancrées; 5-10 étamines ; ovaire supère ; 2-5 styles , une capsule. — Economiques et médicinales. — L'œillet.

LXXIV. Linées. — Plantes herbacées , à feuilles ord.

alternes, entières, simples ; calice de 4-5 folioles, corolle de 4-5 pétales ; 8-10 étamines, hypogynes,
réunies à la base, la moitié sans anthères ; ovaire multiple, supère ; 4-5 styles, 8-10 capsules réunies en une
tête. — Économiques.

LXXX. Saxifragées. — Plantes herbacées, à feuilles
ord. simples et alternes, calice monophylle, à 4-5 div.,
corolle de 5 pétales, sur le haut du calice et alternes
avec les divisions de celui-ci, étamines en nombre égal
ou double ; ovaire à moitié infère ou tout-à-fait ; 2 styles
ou 2 stygmates, capsule fourchue. — Etym. du latin, de
Saxa, pierre, et *frango*, je brise ; croissant entre les pierres.

LXXXI. Capparidées. — Plantes à feuilles alternes,
simples, entières ; calice à plusieurs div., corolle de
4-6 pétales ; 5 à 12 étamines, un ovaire simple supère,
un style unique ou nul ; une capsule. — Tinctoriales.
— Le réséda.

LXXXII. Crassulées. — Plantes herbacées, succulentes à feuilles épaisses, charnues, simples, alternes
ou opposées, planes, cylindriques ou ovoïdes ; calice
monophylle à 3-5 div. autant de pétales alternes avec
ces divisions ; ovaires supères en nombre égal aux pétales, ainsi que les étamines qui sont quelquefois en
nombre double, un style sur chaque ovaire, capsules.
— Médicinales. — Le sedon, vulg. pain d'oiseau,
ficoïde. — La joubarbe. — Les toits, les murs.

LXXXIII. Lythrées (salicariées des auteurs). —
Plantes herbacées, à feuilles sessiles, calice tubuleux à
12 dents, corolle de 6 pétales alternes avec les div. du
calice, ou nulle, étamines égales ou doubles au nombre
des pétales, ovaire supère, libre ; un style ; une capsule.
— Médicinales.

LXXXIV. Portulacées. — Plantes herbacées, quel-

quefois charnues, à tiges cylindriques, à feuilles entières, calice monophylle à 2-3 div., corolle de 5 pétales ou nulle; 3-12 étamines; ovaire supère, simple,
1 ou 2 styles, une capsule. — Alimentaires, médicinales. — Le pourpier.

LXXXV. Géraniées. — Plantes herbacées, à feuilles
opposées, stipulées; fleurs axillaires pédonculées, biflo-
res ou en ombelle simple; calice à 5 folioles; corolle 5,
pétales onguiculées; 10 étamines, dont 5 parfois sans
anthères à filets réunis; ovaire à 5 côtés, un style à 5
stygmates, fruit terminé par une longue pointe (bec de
grue). — Etym. de *Geranos* (grec), grue. — Géranion.
— Vulg. herbe-à-Robert.

LXXXVI. Oxalidées. — Plantes herbacées, à feuilles
alternes, composées de folioles articulées sur le pétiole,
calice de 5 folioles; corolle de 5 pétales, à onglets ad-
hérents entre eux, 10 étamines, un ovaire simple, supère; 5 styles, une capsule à 5 angles. — Economiques,
médicinales. — L'oxalis, oseille, produit le sel d'oseille,
vulg. pied de pigeon. — Etym. du grec, *Ozus*, acide,
de la saveur de la plante.

LXXXVII. Rosacées. — Plantes souvent frutescentes,
à aiguillons, à feuilles alternes, composées, stipulées;
calice monophylle, à 5-10 div., corolle de 5 pétales, en
rose, alternes avec les div. du calice; une vingtaine
d'étamines sur le calice, ovaires nombreux surmontés
chacun d'un style (ovaire périétal). — Economiques,
alimentaires, médicinales. — La rose, la ronce, le
fraisier.

LXXXVIII. Spiréacées. — Plantes frutescentes, à
feuilles alternes, à fleurs paniculées; calice monophylle
à 5 div., corolle 5 pétales sur le calice, une vingtaine
d'étamines; plusieurs ovaires supères surmontés chacun

d'un style, capsules. — Etym. du grec, *Speirea*, qui peut être couronné. — La reine des prés.

LXXXIX. Amygdalées. — Arbres ou arbrisseaux, à feuilles alternes, simples; calice monophylle, caduc à 5 div.; corolle 5 pétales alternes, avec les divisions du calice, une vingtaine d'étamines sur le calice, un ovaire simple supère surmonté d'un style; fruit, un drupe charnu, contenant un noyau, renfermant une ou 2 amandes. — Economiques, alimentaires, médecinales. — L'abricotier, le pêcher, le prunier, le cerisier, l'amandier.

XC. Renonculacées. — Plantes herbacées, à feuilles alternes ou opposées, calice de 4-5 folioles, caduc, quelquefois nul, corolle de 4-5 pétales ou plus sur le réceptacle, étamines nombreuses, hypogynes; plusieurs ovaires supères réunies en tête, surmontés chacun d'un style. — Rarement alimentaires (la ficaire), toutes ou vénéneuses ou suspectes. — Le bouton d'or, l'anemône, la clématite, l'hépatique.

XCI. Helleboracées. — Plantes herbacées, à feuilles alternes, rarement simples, fleurs à une seule enveloppe florale, à divisions souvent terminées en cornet, en éperon, et étamines en nombre indéfini, plusieurs ovaires supères, terminés chacun par un style. — Souvent poison. — Etym. du grec, *Elein*, faire mal, et *bora*, aliment. — Le pied d'alouette, les cheveux de Vénus (nigelle), les gants de la Vierge (ancolie).

XCII. Papavéracées. — Plantes herbacées à feuilles alternes ou radicales, calice à 2 folioles caduques, ou à 4 persistantes; corolle à 4 pétales; étamines ord. très-nombreuses, ovaire supère simple, style nul; stygmate divisé, une capsule ou baie. — Médicinales, économiques. — Etym. du celtique, *Papa*, soupe. On donnait comme remède sa décoction dans la soupe aux enfants.

— Le pavot, la grande-éclaire, le nénuphar, vulg. volet.

XCIII. Cistées. — Plantes souvent ligneuses, à feuilles simples, ord. opposées, à fleurs en grappes simples à l'extrémité des rameaux, calice de 5 folioles, corolle 5 pétales, étamines nombreuses, un ovaire supère, surmonté d'un style, capsule. — Les cistes. — Les lieux secs.

XCIV. Tiliacées. — Plantes ord. arborescentes, à écorce souple, à feuilles alternes, simples; calice à plusieurs divisions; corolle 5 pétales; étamines nombreuses; ovaire supère surmonté d'un style, baie ou capsule. — Economiques. — Le tilleul.

XCV. Malvacées. — Plantes à tiges ordinairement cylindriques, feuilles alternes simples stipulées, calice à 3-9 divisions, souvent double, corolle 5 pétales distinctes ou connées inférieurement, ou adhérent à la base de la colonne des étamines; celles-ci nombreuses, réunies à leur base ou dans toute leur longueur, ovaires nombreux supères (capsules) ord. en vertécilles, chacun surmonté d'un style. — Economiques, médicinales, mucilagineuses, émollientes. — Etym. du grec, *Malasso*, j'amollis.—La mauve, la guimauve, la passerose.

XCVI. Hypéricées. — Plantes à feuilles opposées, paraissant ponctuées, calice à 4-5 div., corolle de 4-5 pétales; étamines nombreuses réunies en plusieurs paquets par la base; ovaire simple, surmonté de plusieurs styles; capsule ou baie. — Médicinales. — L'hypericum, vulg. millepertuis.

XCVII. Violacées. — Plantes herbacées, à feuilles alternes, calice à 2 ou 5 divisions; corolle irrégulière, à 4 ou 5 pétales, éperonnée à la base, 5 étamines soudées par les anthères; un ovaire supère. — Médicinales, surtout par les racines. — La violette, la pensée.

XCVIII. Polygalées. — Plantes herbacées, feuilles

simples, alternes, fleurs en grappes terminales, simples, calice 5 folioles, dont 2 latérales plus grandes,
colorées, en forme d'aile; corolle irrégulière fendue
en 2 lèvres, la supérieure à 2 lobes, l'inférieure con-
cave bifide, portant dans l'écartement, articulé avec
elle, un corps ayant 2 à 5 dents à la base et une houpe
colorée au sommet; 8 étamines en 2 faisceaux; un ovaire
supère, un style; une capsule comprimée, en cœur
renversé. — Médicinales.

XCIX. Fumariées. — Plantes herbacées, à feuilles
alternes composées; fleurs irrégulières, réunies en
grappes latérales; calice de 2 folioles caduques; corolles
de 4 pétales, éperonnées à la base, presque papillonnacées; 4 à 6 étamines réunies en 2 faisceaux; un
ovaire supère, surmonté d'un style; une capsule ou un
fruit siliqueux. — Médicinales. — Fumeterre.

C. Légumineuses (papillonnacées, Tournefort). —
Plantes à tige cylindrique, à feuilles alternes munies
de stipules; calice monophylle ord. à 5 dents, corolle
de 4 pétales (et quelquefois monopétale, le trèfle), ir-
réguliers, un supérieur et extérieur qui embrasse à
moitié les autres, appelé étendard; deux latéraux, dési-
gnés sous le nom d'ailes, et un inférieur courbé, qu'on
appelle carène ou nacelle, 10 étamines en 1 ou 2 paquets
(9 dans un et 1 dans l'autre), insérées sur le calice;
ovaire simple surmonté d'un style; fruits en gousse. —
Économiques, alimentaires. — Le genet, le pois, le
haricot, l'accacia, le trèfle.

CI. Quercinées. — Arbres à feuilles alternes, simples,
stipulées, caduques; fleurs monoïques, celles portant
des étamines en chatons, placées sur un axe commun,
composées d'écailles qui servent de calice et de corolle
et portant des étamines qui sont au nombre de 5 à 20;
fleurs portant des pistiles non en chatons renfermées dans

un involucre ou une capsule, au nombre de 1 à 3; ovaire inféré, surmonté de 1 ou plusieurs styles, et devenant un fruit à coque osseuse, enveloppé en partie ou en totalité par l'involucre. — Economiques, alimentaires. — Le chêne, le coudrier, le hêtre, le châtaignier, le noyer.

CII. Salicinées. — Arbres ou arbrisseaux à feuilles simples, alternes, caduques, stipulées; fleurs axillaires, dioïques; celles à étamines en chatons, ayant chacune une écaille simple, portant les étamines au nombre d'une à 30; fleurs à pistils également en chatons, composées d'une écaille non dentée, d'un ovaire simple supère, surmonté d'un style simple, terminé par 2 ou 4 stygmates, une capsule, semences laineuses. — Economiques, médicinales. — Le saule, le peuplier. — Etym. de *Sal*, proche, et lys, eau (celtique).

CIII. Bétulacées. — Arbres à feuilles alternes, simples, caduques, stipulées, fleurs monoïques ou dioïques, celles qui portent des étamines en chatons imbriqués, composées chacune d'une ou plusieurs écailles portant de 4 à 12 étamines; fleurs à pistils en chatons, imbriqués, composées chacune d'une écaille dentée, portant 1 ou 2 ovaires supères, surmontées de 2 styles devenant un fruit. — Economiques. — Le bouleau, l'aune.

CIV. Conifères. — Arbres à feuilles étroites, simples, persistantes, alternes ou opposées, fleurs monoïques ou dioïques, celles à étamines composées chacune d'une écaille simple; étamines sans filets portées par l'écaille ou l'axe du chaton; fleurs à pistils, rapprochées en cône formé par la réunion des écailles particulières dont chacune contient un ou plusieurs ovaires supères, surmonté d'un stygmate simple ou bifide; d'autrefois ces fleurs sont solitaires. — Economiques, médicinales. — Résineux. — Le pin, le sapin, l'if, le génévrier.

DICTIONNAIRE ABRÉGÉ,

DES PRINCIPAUX TERMES DE BOTANIQUE.

—◁◁◁◁●▣●◁◁◁◁—

A.

caules, plantes dépourvues de tiges, le plantain.

cotylédoné, dépourvu de cotylédons.

cuminé, terminé en pointe.

delphes, étamines réunies ensemble.

dnés, rapprochés et collés latéralement.

games, sans étamines ni pistils; les champignons.

grégés (fleurs), réunies sur un réceptacle commun, et munies chacun d'un calice particulier (les dipsacées); la scabieuse.

grette, poils simples ou composés, qui couronnent les graines des composées; le seneçon.

les, pétales latéraux des corolles papillonnacées : (légumineuses) le pois.

ée, (feuille) voyez pinnée.

sselle, angle formé par une feuille ou par un rameau, sur la tige ou sur une branche.

éne, fruit sec des ombellifères; la carotte.

ternes, placés des deux côtés de la tige à une hauteur différente.

nentacées, plantes dont les fleurs sont disposées en chaton.

nplexicaules, dont la base embrasse la tige.

étales, fleurs dépourvues de corolle.

hylles, plantes dépourvues de feuilles, le champignon.

pendice, organes accessoires des végétaux; les poils, les épines, etc.

éte, point filiforme allongé.

ticulation, endroit de réunion de deux parties placées bout à bout.

ticulé, muni d'articulations.

cendante (tige), d'abord courbée puis devenant verticale.

Axe, pédoncule central d'une grappe, d'un chaton, d'u
épi.

Axillaire, qui est placé dans l'aisselle.

B.

Balle ou *glume,* enveloppe propre de chaque fleur d
graminées et composée d'une ou plusieurs écaille
nommées *valves.*

Base, partie de la feuille ou du fruit, etc., par laquel
ils tiennent à la plante.

Bifide, (voyez *fide*).

Bijuguée, (feuille conjuguée à deux paires de folioles

Biflore, à deux fleurs.

Bifurqué, divisé en deux branches.

Biparti, à deux divisions.

Bilobé, à deux lobes.

Biloculaire, à deux loges (fruit).

Bipinnée, feuilles composées dont les folioles elle
mêmes sont pinnées.

Bivalve, à deux valves.

Bourgeon, germe des branches, des feuilles et des fleu

Bractées, petites feuilles souvent colorées qui , dans l
fleurs en épi , les séparent les unes des autres.

Brou, enveloppe verte de la noix.

Bulbe, espèce de bourgeon caché sous terre recouv
de tuniques concentriques ou d'écailles imbriqué
l'oignon, le lys.

Bulbeux, qui a des bulbes.

C.

Caduc, calice qui tombe avant les pétales.

Caduques, feuilles qui tombent avant la maturité
fruit.

Calicinal, qui tient au calice.

Caliculé (involucre), entouré à sa base par des foliol
avortées.

Campanulé, campaniforme , en forme de cloche.

Caniculé, creusé d'un sillon profond.

Cannelé, marqué de cannelures.

Cannelure, enfoncement allongé en forme de gouttiè

Capillaire, comme un cheveu.

Capsule, fruit sec déhiscent.

Capsulaire, comme une capsule.

Carène, V. papillonnacée.

Caryopse, fruits secs, comme le blé.

Caulinaire, qui appartient à la tige.

Chagriné, qui a l'aspect de la peau, dite chagrin.

Chaton, assemblage de fleurs sessiles sur un axe commun, ayant un peu de ressemblance avec la queue d'un chat; le noisettier, le saule.

Chaume, tige qui est creuse et cylindrique ayant d'espace en espace des nœuds d'où partent des feuilles, (les graminées); le blé, etc.

Cilié, muni de poils sur les bords.

Collerette, V. involucre et involucelle. On donne aussi ce nom à la réunion des appendices qui garnissent la gorge d'une corolle, (le narcisse).

Coloré, on nomme ainsi tout ce qui n'est pas vert dans les plantes.

Commun, qui appartient à plusieurs objets à la fois, involucre com. réceptacle com., pédoncule com.

Composé, formé de plusieurs parties distinctes.

Composée (feuille), dont le pétiole porte plusieurs feuilles partielles, (folioles).

Composées, fleurs portées sur un réceptacle commun, entourée d'un involucre de plusieurs folioles. Une corolle monopétale, insérée au sommet de l'ovaire ord. a 5 dents, (fleuron), tantôt divisée en languette d'un seul côté (demi-fleuron), 5 étamines dont les anthères sont réunies en un tube qui donne passage au style; voir la description des familles, (radiées, etc.)

Cône, fruit du pin, du sapin. (Voir les notions).

Conjuguée (feuille), pinnée dont les folioles sont opposées et attachées par paire le long du pétiole commun.

Conniventes, parties rapprochées par leur sommet.

Cordiforme, en forme de cœur.

Corolle. (Voir les notions).

Cortical, qui fait partie de l'écorce.

Corymbe, disposition de fleurs, portées sur des pédoncules, qui atteignent la même hauteur, mais qui ne partent pas d'un même point; la tanaise.

Côte, nervure. (Voir les notions).

Cotylédons. (Voir les notions).

Couchée (tige), qui s'étale sur le sol sans y jetter de racines.

Couronnée (graine), terminée au sommet par une rangée de poils ou d'appendices quelconques.

Crénelé, marqué en son bord de dents obtuses.

Crépu, chargé de poils frisés, dirigés en sens divers.

Crustacé, dur, coriace.

Cryptogames, plantes dans lesquelles on ne distingue, à l'œil nu, ni étamines ni pistils.

Cyme, disposition de fleurs portées sur des pédoncules partant d'un même point et se divisant irrégulièrement en pédoncules partiels, qui s'étalent horizontalement et portent, à leur face supérieure, une ou plusieurs rangées de fleurs; le sureau.

Cunéiformes, feuilles imitant, par leur forme, un coin, ou triangle.

D.

Décomposée, feuille composée dont le pétiole commun se subdivise en pétioles secondaires, portant chacun plusieurs folioles.

Décurrente, feuille dont la base se prolonge sur la tige ou sur les rameaux.

Décursives (feuilles), dont la nervure seule est décurrente.

Défini, fixe.

Déhiscent, qui s'ouvre spontanément à la maturité.

Demifleuron. (Voir fleurs composées.)

Denté, qui est muni de dents en son bord.

Dentelé, marqué de petites dents.

Déprimé, applati de haut en bas.

Diadelphes, étamines réunies en deux faisceaux par leurs filets : les légumineuses.

Dicotylédoné (grande division des végétaux), munis de deux cotylédons opposés ou de plusieurs cotylédons verticillés.

Dydime (racine), composée de deux parties ovoïdes jointes entre elles par une petite partie de leur surface.

Digité, divisé en lobes imitant la disposition des doigts.

Dioïque, dont les étamines et les pistils sont dans des fleurs différentes, portées sur des individus différents.

Disque, protubérance plus ou moins charnue à laquelle les pétales et les étamines sont insérées.

Disperme, qui contient deux graines ; deux graines accolées.

Distinct, se dit par opposition aux termes adné, adhérent, soudé, ou comme synonime de visible à l'œil nu.

Divariqué, qui forme un angle plus ou moins grand, avec la partie qui lui donne naissance.

Division, partie d'un organe quelconque separée des autres parties du même organe par des échancrures qui atteignent presque la base de cet organe.

Dorsale, qui naît sur le dos d'un autre organe.

Drapé, qui imite le drap.

Drupe, fruit charnu renfermant un noyau à l'intérieur; l'amande, la prune.

E.

Ecailles, appendices secs, membraneux, coriaces, rarement colorés.

Ecorce, partie de la tige et des racines des dicotylédonées, formée par l'épiderme, le tissu cellulaire et le liber.

Embrassantes, feuilles dont la base embrasse la tige ou les rameaux.

Embryon, partie de l'amande, qui est destinée à reproduire la plante.

Engaînante (feuille), qui enveloppe la tige comme dans une gaine ; le blé.

Entier, ni denté, ni divisé, ni découpé.

Eparses (feuilles), qui n'affectent aucun ordre régulier.

Eperon, espèce de cornet ou de prolongement tubuleux, situé à la base d'une fleur, la violette, le pied d'alouette.

Epi, disposition de fleurs sessiles, ou à peu près sessiles le long d'un axe persistant.

Epicarpe, partie la plus extérieure du fruit, vulg. la peau.

Epiderme, partie la plus extérieure de l'écorce des plantes.

Epigyne, attaché sur le pistil ou ovaire; alors celui-ci est infère.

Epillet, on donne ce nom à l'ensemble des fleurs réunies dans un glume et qui constituent ainsi un petit épi partiel.

Epine. (Voir les notions).

Etalé, ouvert et épanoui.

Etamine. (Voir les notions).

Etendard, pétale supérieure des corolles papillonnacées.

Etranglée, corolle reserrée subitement au-dessous de ses divisions.

Exotiques, plantes qui naissent dans un autre pays.

F.

Fasciculé, rapproché en faisceaux.

Feuillé, garni de feuilles.

Fibreuses, racines composées de filamens tenus.

Fide (bi-tri-quadri), découpé de manière que les lobes, au nombre de 2-3-4, atteignent la moitié de la longueur ou de la largeur de l'organe, suivant sa direction.

Fillet, voyez étamine dans les notions.

Filiforme, allongé, grêle et cylindrique.

Fistuleux, qui est creux et cylindrique.

Fleur. Voyez ce mot aux notions.

Fleuron, corolle des fleurs *composées*, tubuleux dans toute sa longueur et ordinairement à cinq lobes.

Florale (feuille). Voyez bractée.

Flosculeuses, fleurs *composées*, formées uniquement de fleurons.

Foliacé, qui est de la nature des feuilles.

Foliole, feuille partielle de la feuille *composée*.

Follioles (du calice), pièces distinctes du calice.

Follioles (de l'involucre), feuilles florales, espèces de bractées.

Follicule, fruit sec, membraneux, univalve, s'allongeant par une suture longitudinale sur les bords desquels sont attachées les graines ; les apocynées.

Fruit, on donne ce nom à tous les ovaires ayant des graines et non pas seulement aux pommes, cerises, etc.

Fusiforme, en forme de fuseau.

G.

Gaîne, expansion de la partie inférieure d'une feuille, par laquelle celle-ci enveloppe la tige ; les graminées.

Géminé, se dit des parties rapprochées deux à deux.

Germination, acte par lequel une graine mûre reprend un mouvement vital et donne naissance à un nouveau végétal.

Gibbeux, bossu.

Glabres, se dit d'une surface absolument dépourvue de poils.

Glauque, d'un vert de mer, mat et grisâtre.

Glumacées (fleurs), entourées de glumes.

Glume, espèce d'involucre, situé à la base des épillets, et composé ordinairement de deux pièces (valves), renfermant une ou plusieurs fleurs ; graminées.

Gorge, entrée du tube de la corolle, du calice ou du périgone.

Gousse. Voyez ce mot aux notions.

Graine. (Voir les notions).

Grappe, assemblage de fleurs portées sur des pédicelles partant d'un axe central ou pédoncule commun, la vigne.

Greffe, opération par laquelle on implante sur une plante sauvage une branche ou un bourgeon d'une autre plante devenue bonne par la culture, soit pour avoir de meilleurs fruits, soit pour avoir de plus belles fleurs. (Voyez la note page 66*). Il y a trois espèces de greffes, la greffe par approche, la greffe en écusson et la greffe en fente. F. 62. 63. 64.

Grimpante, qui s'élève en s'appuyant ou se roulant sur les corps voisins.

II.

Hampe, pédoncule radical qui ressemble à une tige, mais ne porte pas de feuilles ; la primevère.

Hasté, imitant un fer de lance.

Herbacées, plantes qui n'ont qu'une consistance molle et tendre et qui ne peuvent résister aux rigueurs de l'hiver, soit que leurs racines soient vivaces ou annuelles.

Hermaphrodites, qui réunit dans la même fleur, des étamines et des pistils.

Hispide, garni de poils roides, durs au toucher.

Hypocratériforme, corolle en soucoupe, c'est-à-dire limbe plane et à tube cylindrique, le myosotis.

Hypogyne, qui est attaché sous le pistil et l'ovaire.

I.

Imbriqué, dont les parties se recouvrent les unes les autres, comme les tuiles d'un toit.

Imparipinnés, feuilles dont les folioles sont en nombre impair.

Incisé, divisé comme avec un instrument tranchant.

Incomplète, fleur qui n'est point munie de deux enveloppes florales, corolle et calice.

Indéfini, étamines en nombre au-dessus de dix et sans être fixe.

Indéhiscent, qui ne s'ouvre point de lui-même.

Indigènes, plantes qui naissent d'elles-mêmes dans notre pays.

Individu, plante prise isolément.

Infère, corolle s'insérant sous l'ovaire.

Infere, ovaire adhérent au calice ou au périgone.

Infléchi, courbé en dedans.

Infundibuliforme, en forme d'entonnoir.

Inspiration, faculté qu'ont les plantes ou leurs diverses parties de se pénétrer des fluides dans lesquels elles se trouvent plongées.

Inséré, attaché, prenant naissance.

Involucelle, involucre secondaire qui se remarque souvent aux ombellules particulières qui composent une ombelle.

Involucre, assemblage de folioles à la base commune de plusieurs pédoncules ou fleurs sessiles.

Irrégulières, plantes qui n'ont point une forme symétrique, la fleur de pois, la gueule de lion.

J.

Juguées, feuilles dont les folioles sont opposées sur le pétiole.

L.

Labiées, plantes dont les fleurs complètes et simples ont une corolle dont le limbe est divisé en deux parties, l'une supérieure, l'autre inférieure nommées lèvres ; la sauge, (les salviées).

Lacinié, dont les découpures sont fines et irrégulières.

Lactescent, qui contient un suc blanc comme le lait.

Lame, partie supérieure d'un pétale onguiculé.

Lamelle, composé de lames minces.

Lancéolle, se dit des parties planes, oblongues, rétrécies aux deux extrémités.

Languette (corolle en), corolle des composées semiflosculeuses.

Légumineuses, plantes qui ont pour fruit une gousse (papillonnacées).

Lèvres. Voyez labiées.

Libre, qui n'est point adhérent aux parties environnantes. Ce mot est surtout consacré pour indiquer que l'ovaire n'est ni adhérent au calice ni au périgone, ovaire supère.

Ligneux, qui est de la nature du bois.

Limbe, partie de la corolle du calice ou du périgone, qui est libre ordinairement étalé et situé au sommet du tube. On applique aussi ce nom à la partie membraneuse de la feuille.

Linéaire, se dit d'une surface étroite, allongée et dont les bords sont à peu près parallèles.

Lobes, parties circonscrites par des incisions profondes.

Lobé, divisé en plusieurs lobes.

4

Loges, espaces qui contiennent les graines, dans le fruit, et le pollen, dans les anthères.

Loculaire, lorsque ce mot est précédé des noms de nombre, uni, bi, tri, quadri, quinque, etc., il forme un adjectif qui indique qu'une anthère, un fruit, sont divisés en autant de loges.

Lyrée, feuille divisée en plusieurs lobes, dont les supérieurs grands et réunis et les inférieurs petits et profondément divisés ; le laitron.

M.

Maculé, taché.

Marcescent, qui se dessèche sans tomber, après la floraison, la corolle des campanules.

Maturité, époque à laquelle un fruit ou une graine a atteint tout le développement dont elle était susceptible.

Médulaire, qui appartient à la moelle et de même consistence.

Moelle, voir ce mot aux notions.

Monadelphes (étamines), réunies par leurs filets en un seul faisceau ; la mauve.

Monocotylédoné, muni d'un seul cotylédon ou de plusieurs cotylédons alternes.

Monoïque. Voir ce mot aux notions.

Monopétale, corolle d'une seule pièce.

Monophylle, calice d'une seule pièce.

Monosépale. Voir monophylle.

Monosperme, qui ne contient qu'une seule graine.

Multifide, à plusieurs divisions.

Multiflore, qui contient ou porte plusieurs fleurs.

Multijuguée, feuille conjuguée à plusieurs paires de folioles.

Multiloculaire, à plusieurs loges.

Mutique, qui ne se termine ni en pointe ni en arête.

N.

Napiforme, en forme de navet (racine).

Nectaire. On donne ce nom à des glandes situées pr

des étamines et des pistils ; et aux appendices qui les
contiennent ; l'éperon du pied d'alouette.

Nectarifère, glande qui sécrete un nectar ou liquide
particulier.

Nervures, élévations filamenteuses qu'on rencontre sur
les feuilles et les pétales.

Nœuds, articulations des tiges et des racines.

Noix, espèce de drupe, dont le sarcocarpe est coriace
et peu épais.

Nu, qui est dépourvu d'enveloppe ou d'appendice quelconque. — Tige, sans feuilles. — Réceptacle, sans
poils, sans paillettes. — Fleur, sans enveloppe florale.
— Corolle, qui n'a ni appendices ni poils.

O.

Obcordé, en cœur renversé.

Oblong, en forme d'ellipse allongée.

Obtus, arrondi à l'extrémité.

Octo, etc., huit fois, etc.

Ombelle, disposition de fleurs portées sur des pédicelles
(rayons) partant d'un centre commun, et s'élevant à
une même hauteur ; lorsque les rayons se subdivisent
eux-mêmes en pédicelles secondaires, affectant la
même disposition, l'ombelle est dite composée ; dans
le cas contraire elle est dite simple.

Ombilic, point par lequel la graine tenait au petit
cordon qui l'attachait au fruit.

Ombiliqué, qui est marqué d'un ombilic.

Ondulé, qui forme des corbures arrondies.

Onglet, partie inférieure et retrécie d'un pétale.

Onguiculé, pourvu d'un onglet.

Opposées, parties qui naissent vis-à-vis l'une de l'autre
et au même niveau.

Oreillette, appendice foliacé, court latéral, plan, et
arrondi.

Organe, partie d'une plante chargée d'une partie quelconque, les feuilles, etc.

Ovaire. (Voyez ce mot aux notions).

Ovoïde, de la forme d'un œuf.

Ovules, rudiments des graines.

P.

Paillettes, petites écailles placées entre les fleurs partielles des *composées*.

Paliacé (réceptacle), garni de paillettes.

Paléiforme, ressemblant à une paillette.

Palmées, feuilles découpées en lobes très-profonds, se dirigeant en rayons vers le sommet du pédoncule.

Panicule, dispositions des fleurs éparses sur des pédoncules plus ou moins divisés.

Papillonnacée, corolle formée de 5 pétales, dont les deux inférieurs plus ou moins soudées (carène), les deux latéraux libres (ailes), le supérieur plus grand enveloppant tous les autres avant la floraison (étendard).

Parasite, qui croit sur d'autres plantes et y puise sa nourriture; le gui.

Pédicelle, division du pédoncule, supportant la fleur.

Pédicellé, porté sur un pédicelle.

Pédoncule, vulg. queue de la fleur.

Pelté, en forme de bouclier.

Pentagone, à cinq côtés.

Perfoliée, feuille comme traversée par la tige; le chevrefeuille.

Périanthe, ensemble des enveloppes florales (calice et corolle).

Péricarpe, enveloppe générale des graines. (Voir les notions).

Périgone, enveloppe florale unique, formée par la soudure du calice et de la corolle, la tulipe.

Périgyne, attaché sur le calice.

Persistant, calice qui survit à la corolle.

Persistantes (feuilles), durant plusieurs années.

Pétales, pièces distinctes de la corolle.

Pétaloïde, qui a l'aspect des pétales.

Pétiole, vulg. queue des feuilles.

Pétiolée (feuille), portée sur un pétiole.

Phanérogames, plantes où l'on distingue à l'œil nu des étamines et des pistils.

Pennatifide, divisé en découpures latérales profondes.

Pinnatifides, (bi ou tri) dont les divisions sont elles-mêmes divisées 2 ou 3 fois.

Pinnée, feuille dont les folioles sont rangées régulièrement de chaque côté du pétiole comme les barbes d'une plume sur leur tige commune.

Pistil. (Voyez ce mot aux notions).

Pivotante. (racine). (Voir les notions).

Placenta, partie du péricarpe où sont attachées les graines.

Poils. (Voir ce mot aux notions).

Poilu, garni de poils.

Pollen, poussière renfermée dans les anthères ou têtes des étamines.

Polypétale, (corolle) composée de plusieurs pièces distinctes, la rose.

Polyphylle (calice, périgone), formé de plusieurs pièces distinctes.

Polysperme, fruit contenant plusieurs graines.

Ponctué, marqué de points creux.

Propre, qui lui appartient exclusivement.

Pubescent, chargé de poils courts et légers.

Pulpe, substance molle et charnue de plusieurs fruits et racines.

Pulpeux, rempli de pulpe.

Pulvérulent, qui est couvert de poussière.

Q.

Quadrangulaire, à quatre angles.

Quadrifide (4-fide). Voyez fide.

Quadrilobé (4-lobé), à quatre lobes.

Quadriloculaire (4-loculaires), à quatre loges.

Quadrivalve (4-valves), à quatre valves.

Quinque, cinq, il s'emploie comme quadri (5-fide), (5-lobé), etc.

R.

Racine. (Voir ce mot aux notions).

Radical, qui naît près de la racine ou qui lui appartient, *pédoncul radical*; pédoncule qui naît de la racine,

4*

feuilles radicales, feuilles qui naissent de la base de la racine.

Radiée (fleurs), composée de *fleurons* au centre, et de *demi-fleurons* à la circonférence.

Rampante (racine), qui s'étend horizontalement en jettant ça et là de petites racines.

Rampante (tige), couchée sur le sol et s'y fixant par des racines qu'elle pousse de divers points de sa longueur.

Rayons. (Voyez ombelle).

Receptacle. (Voyez ce mot aux notions).

Réfléchi, courbé en dehors.

Régulière (corolle), dont les parties sont égales, semblables ou symétriques ; la rose, le lilas.

Rejet, rameau ou tige secondaire, naissant du collet de la racine.

Reniforme, en forme de rein ou de haricot.

Réticulé, dont la surface est couverte de ramifications entrélacées en forme de réseau.

Roncinée (feuille), divisée en lobes profonds dont les deux latéraux sont aigus et recourbés en bas ; le pissenlit.

Rotacée (corolle), en forme de cône, c'est-à-dire à limbe plane et à tube presque nul ; la bourache.

Rugeux, rude marqué de rides nombreuses et profondes.

S.

Sagittée (feuille), en fer de flèche ; le liseron des champs

Samare, nom donné à la capsule membraneuse de l'érable.

Saillant, qui dépasse les parties environnantes.

Sarcocarpe, (voir ce mot aux notions).

Sarmenteux, ligneux et grêle et grimpant.

Saxatile, qui croît sur les rochers.

Scabre, muni de petites aspérités sensibles au toucher.

Scarieux, sec, roide, jamais vert, ressemblant aux écailles.

Segmens, lobes profonds.

Semences. Voyez graines.

Semifiosculeuses, fleurs composées, formées uniquement de demi-fleurons, etc. ; la chicorée.

Séminales (feuilles). Voyez cotylédons.

Séminations, dispersion naturelle des graines; sans les vents, les courants, les animaux ; sans les aigrettes, les crochets , la viscosité des graines ou des fruits, la sémination des plantes ne se ferait que d'une manière imparfaite et l'on doit reconnaître dans toutes ces choses une disposition très-marquée de la providence.

Sessile, qui est privé de son support, la feuille de son pétiole, la fleur de son pédoncule, l'étamine de son filet, le pistil de son style.

Sétacé, qui est roide, filiforme et ressemble à des soies de porc.

Sève, humeur nutritive des plantes pompée de la terre par la racine, communiquée à la tige par la partie inférieure, montant aux extrémités et redescendant entre le liber et le faux bois.

Sexfide, (6 fide),
Sexloculaire, (6 loculaires), } six fois ces parties.
Sexvalve, (6 valves),

Silicule. (Voir ce mot aux notions).

Silique. (Voir ce mot aux notions).

Siliquiforme, qui ressemble à une silique.

Simple, entier et non divisé, unique : ne formant qu'un tout.

Sinuée (feuille), dont le bord est muni d'échancrures peu profondes et de saillies arrondies.

Soie, poil roide comme les soies de porc.

Soies, poils doux et brillants.

Solitaire, qui est seul.

Sommeil des plantes.

C'est cet état de contraction, cette disposition si différente qu'affectent certaines plantes, soit dans leurs corolles soit dans leurs feuilles, à l'approche de la nuit ou d'un orage ou même au seul passage d'un nuage au-devant du soleil. Un grand nombre de corolles se ferment le soir et ne s'ouvrent que le matin et presque toujours ces deux opérations ont lieu à des heures fixes. Dans les feuilles, les unes se rapprochent face contre face; d'autres se laissent tomber comme si elles étaient fanées, etc., etc.

Sommet, extrémité d'une partie opposée à son point d'attache.

Soudé, adhérent.

Sous-arbrisseau, plantes ligneuses. (Voir les notions à ce mot.)

Spadice, assemblage de fleurs entourées d'une spathe et sessiles sur un pédoncule commun ; l'arum.

Spathe, sorte d'involucre, formé d'une ou d'un petit nombre de bractées larges et situées à la base de certaines plantes monocotylédonées, l'arum, l'ail.

Spatulée, feuille en forme de spatule.

Spiciforme, imitant un épi.

Staminifère, qui porte les étamines.

Stigmate. (Voir ce mot aux notions).

Stipule, expansion foliacée, située à la base de certaines feuilles ; le rosier, le pois.

Stolonifère, racines traçantes poussant ça et là des tiges.

Stipulées, feuilles munies de stipules.

Strié, marqué de stries.

Stries, petits sillons parallèles et longitudinaux.

Style. (Voir ce mot aux notions).

Subulé, en forme d'alène.

Suc, parties liquides contenues dans les végétaux.

Supère, situé au-dessus de.

On dit que l'ovaire est supère, pour indiquer qu'il est libre de toute adhérence avec le calice, au contraire, le calice est supère quand il est soudé avec l'ovaire ; alors l'ovaire est inféré ou adhérent.

Suture, ligne formée par la juxta-position de deux valves.

T.

Tablier, division inférieure du périgone des orchidées.

Tégument, enveloppe immédiate.

Terminal, situé au sommet.

Ternée, feuille composée de trois folioles attachées au même pétiole.

Tête, assemblage de fleurs nombreuses et sessiles au sommet des rameaux.

Tétradynames, étamines dont quatre sont plus grandes que les deux autres, les crucifères.

Tétra, à quatre, etc.

Tige. (Voir ce mot aux notions).

Tomenteux, couvert d'un duvet cotonneux.

Traçante. Voir rampante.

Tri, avant une terminaison veut dire, trois, comme quadri veut dire quatre. (Voir ce mot, trifide 3 fide).

Tube, partie inférieure et cylindrique d'une corolle , d'un calice ou d'un périgone.
Tubercule, racine. (Voyez ce mot aux notions).
Tuberculeux, muni de tubercules.
Tubereuse, racine. (Voir ce mot aux notions).
Tubuleux, qui à la forme d'un tube.

U.

Uni, se prend pour un dans le même sens que tri pour trois, etc.
Utricule, fruit monosperme, indéhiscent, non adhérent au calice et dont le péricarpe est peu apparent.

V.

Valves, pièces distinctes du péricarpe.
Vélu, couvert de poils.
Ventru, renflé.
Verticille, disposition de parties formant un anneau autour d'une tige ou d'un axe commun; les feuilles des rubiacées.
Verticilél, disposé en verticille.
Vesiculeux, qui ressemble à une vessie remplie d'air.
Visqueux, collant, gluant.
Vrille, appendice filiforme, ordinairement roulé en spirale et s'entortillant autour des corps voisins; la vigne.

CALENDRIER DE FLORE,

OU ÉPOQUE DE LA FLORAISON DE QUELQUES PLANTES DANS NOTRE CLIMAT.

JANVIER.

La plus grande partie des mousses et des lichens.

Anemone
Ellebore.
Hyacinthe.
Narcisse du levant.

Primevère.
Violette , on en trouve toute l'année.

FÉVRIER.

Boisgentil·	Hépatique.
Crocus sativus.	Iris de Perse.
Giroflée simple.	Perce-neige.

On sème dans ce mois, les amaranthes, le datura, la croix de Malte, les œillets et les balsamines.

MARS.

Buis.	Iris bulbeux.
Crocus printanier.	Marguerite.
Giroflée.	Paquerette.
Hyacinthe de Constantinople.	Peuplier.
Amandier.	Saule.
Abricotier.	Tulipe, etc.

On sème dans ce mois la plupart des plantes annuelles, et les giroflées, les soucis doubles, les pieds d'allouettes quand ils n'ont pas été semés en novembre, les roses trémières, la grande paquerette, la capucine, les pavots, les belles de jour, pépins d'orange et de citron, les pois à fleurs et les fèves d'Espagne bicolor.

AVRIL

Colchique printanier.	Narcisse.
Impériale.	Pensée.
Hyacinthes.	Pivoine.
Iris.	Pois.
Jonquille.	Prunier.
Marguerite.	Cerisier, etc.

On peut encore semer dans ce mois les graines qui n'auraient pas été semées dans le mois précédent.

MAI.

La plus grande partie des fleurs.

Acacia.	Epine vinete.
Alaterne.	Muguet.
Ancolie.	Seringat.
Gueule de lion.	Pivoine.
Veronique.	Œillet de poëte.
Julienne.	Poirier.
Lilas.	Pommier.
Bouton d'or.	Renoncules,
Coquelicot.	Rosiers.
Bluet.	Valeriane, etc.
Epine blanche.	

On sème dans ce mois la scabieuse veloutée, les amaranthes tardives, les soucis doubles, les bluets, les fleurs d'automne, la quarantaine, les giroflées printanières, etc.

JUIN,

La plupart des fleurs du mois de mai.

Camomille.	Lis.
Campanule.	OEillet.
Chevrefeuille.	Oranger.
Cyste.	Pavot.
Digitale.	Pied-d'alouette.
Genet d'Espagne.	Reine des prés.
Geranium.	Rosier.
Jasmin.	Troène, etc., etc.
Lavande.	

Vers le milieu de ce mois on fait sur les rosiers et sur presque tous les arbustes, la greffe en écusson.

JUILLET.

Balsamine.	Pied-d'alouette vivace.
Basilic.	Laurier rose.
Belladone.	Laurier blanc.
Belle de nuit.	Myrte.
Capucine.	OEillet d'Inde.
Clématite.	Renoncule.
Croix de Jérusalem.	Volubilis.

On sème en ce mois, pour repiquer au printemps, la nigelle, le thlaspi, l'œillet du poète, la digitale, les passes-roses, les lis, la couronne impériale, la narcisse, etc.

AOUT.

Amaranthe.	Liseron.
Grenadier.	Mauve.
Guimauve.	Millepertuis.
Héliotrope.	Soleil.
Immortelle.	

On écussonne pendant la lune de ce mois à œil dormant, c'est-à-dire en ne coupant pas la branche au-dessus de l'écusson; on ne le fait qu'au printemps suivant.

SEPTEMBRE.

Un grand nombre des plantes du mois précédent.

Les asters.	Hélianthème.
Reine Marguerite.	Pensée.
Rose d'Inde.	Colchique et toutes les plantes
Dhalia.	d'automne.
Tubéreuse.	

On sème encore les tulipes, les narcisses, les jacinthes, les iris, les colchiques, etc, etc.

OCTOBRE.

Quelques plantes du mois précédent.

Les dhalia.	Les Hélianthèmes, etc.

On peut semer les pieds-d'alouettes, les bluets, les alaternes.

NOVEMBRE.

Les fleurs qui durent presque toute l'année.

La pâquerette.	La violette.
La pensée.	L'œillet.

C'est principalement dans ce mois qu'on sème les pieds-d'alouettes, les gazons, etc.

DÉCEMBRE.

Quelques plantes qui ne craignent pas les premières gelées.

Le rosier bengal.	L'anemone simple.
L'ellebore.	La primevère.
Les mousses.	La violette.

Un assez grand nombre des plantes désignées dans chaque mois fleurissent dans ceux qui les joignent selon que la saison est plus ou moins avancée; mais ordinairement leur principale floraison se trouve dans les mois que l'on vient d'indiquer.

La greffe par approche, la plus simple de toutes, consiste à rapprocher l'un de l'autre deux jeunes troncs ou deux branches après en avoir enlevé, à l'endroit où ils doivent se toucher, une égale couche d'écorce jusqu'au bois, à lier ces deux troncs ou branches ensemble, bois contre bois, et à préserver ces plaies du contact de l'air avec de la cire ou de la terre glaise. F. 62.

La greffe en écusson, la plus sûre sans contredit et la plus facile de toutes, se fait en juin et en août, ordinairement sur du bois de l'année et dont la sève est bien montée. Elle se fait ainsi : on enlève d'une petite branche du sujet qu'on veut propager un bourgeon près de partir, avec l'écorce qui l'entoure; puis on ôte de l'intérieur de cette portion d'écorce tout le bois qui a été enlevé, de manière qu'il ne reste que l'œil du bourgeon et on taille cette écorce à la manière d'une plume à écrire. Pour placer ensuite ce bourgeon, on fait à l'écorce du sujet à écussonner deux incisions, l'une horizontale, l'autre perpendiculaire au-dessus de la première, de manière à imiter un T renversé. On soulève alors doucement à droite et à gauche les deux lèvres de l'entaille et on y insinue l'écusson la pointe en haut, jusqu'à ce que sa base s'adapte exactement avec l'écorce incisée transversalement; on lie ensuite les deux lèvres de la plaie sur l'écusson avec de la laine ou du jonc, en évitant d'en recouvrir l'œil. Ce qu'il importe dans cette greffe, c'est que les deux sujets soient bien en sève et que les deux libers coïncident parfaitement ensemble. F. 63.

La greffe en fente, se pratique en février ou en mars; elle consiste à couper sur l'individu que l'on veut propager, un rameau, sain, à écorce lisse, garni de deux ou trois boutons et muni inférieurement d'un pouce au moins de bois de deux ans. On taille ce bois des deux côtés en forme de coin; puis après avoir scié le tronc ou la branche que l'on veut greffer, on le fend perpendiculairement et on insinue dans cette fente la greffe, en ayant soin de faire coïncider le liber de l'une contre le liber de l'autre; puis on lie le sujet, de jonc ou d'osier, et on recouvre la blessure de cire ou de terre glaise. F. 64.

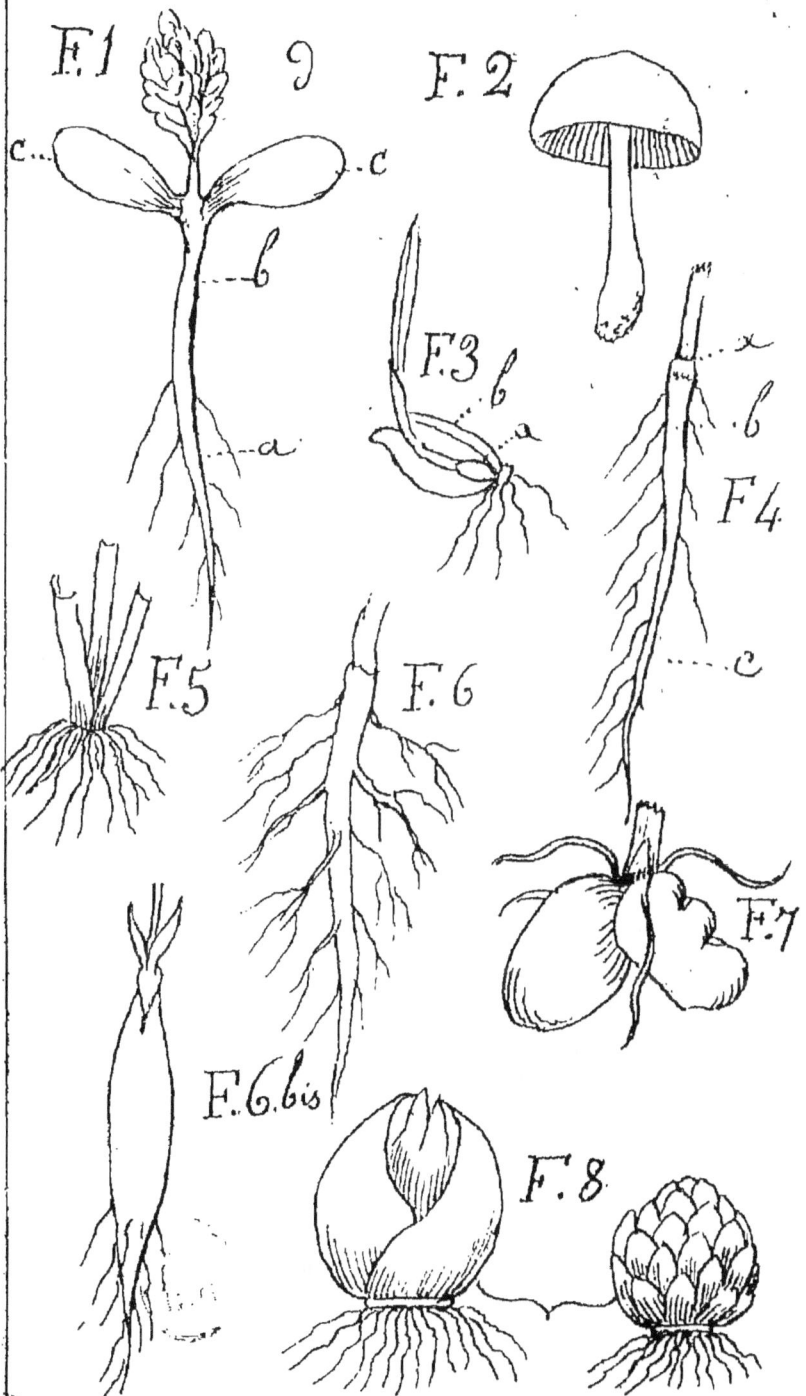

F.1

F.2

F.3

F.4

F.5

F.6

F.6.bis

F.7

F.8

c ... c

b

a

b

a

x

b

c

D.G - 1843.

1

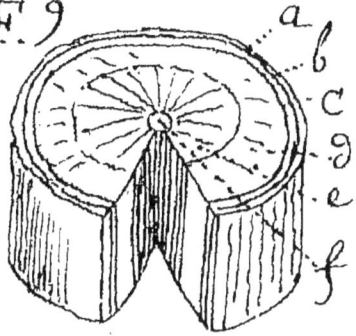

F. 9
a
b
c
d
e
f

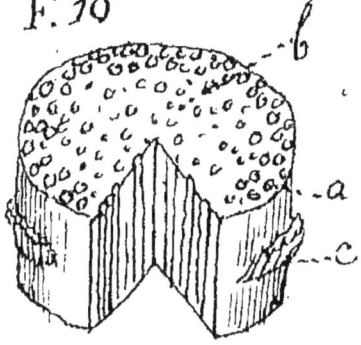

F. 10
b
a
c

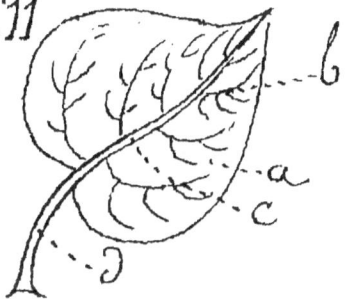

F. 11
b
a
c
d

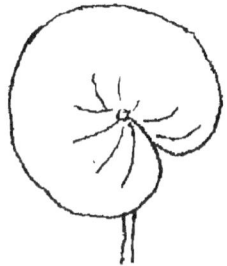

F. 12

F. 13

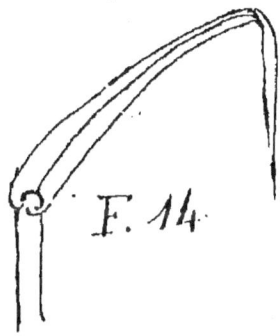

F. 14

F. 16

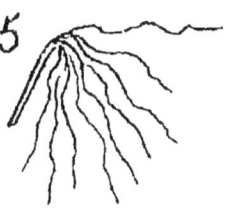

F. 15

2

F. 17

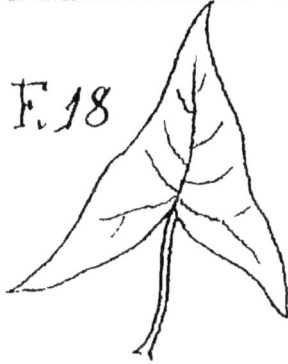

F. 18

F. 19

F. 20

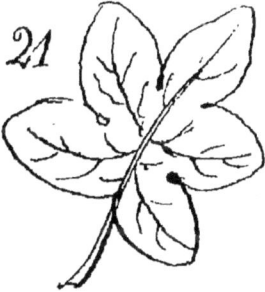

F. 21

F. 22

F. 23

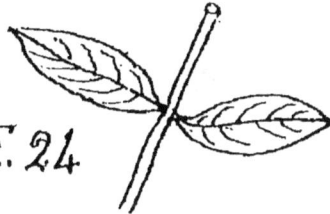

F. 24

F. 25

F. 26

F. 27

F. 28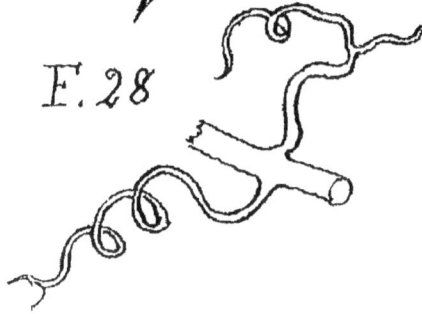

F. 30

F. 29

30.bis

F. 31.

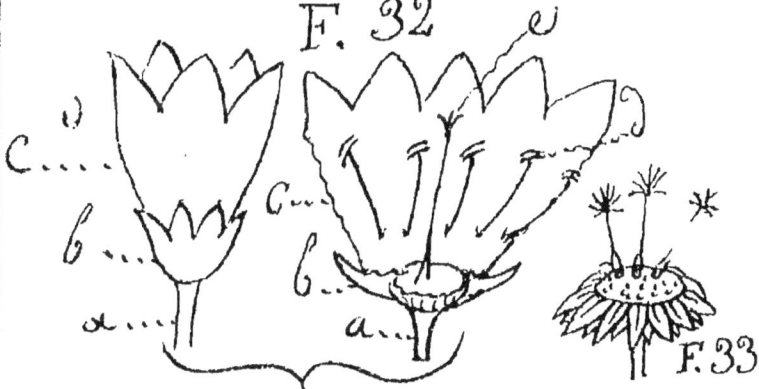

F. 32

F. 33

F.34

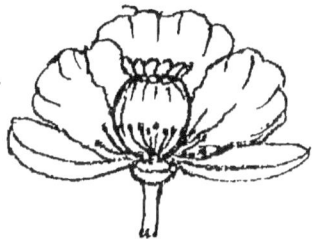

F.35

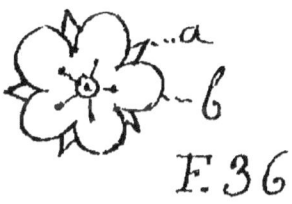

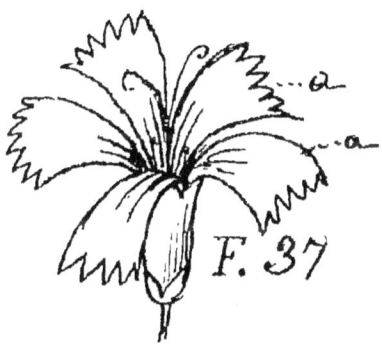

F.36

F.37

F.38

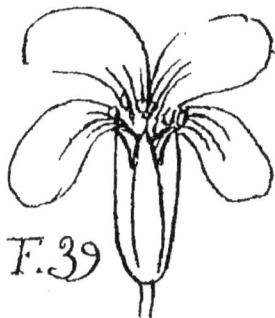

F.39

.5

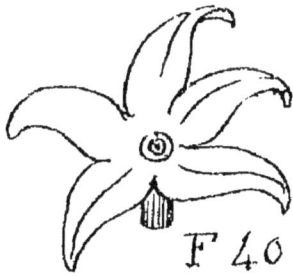

F 40

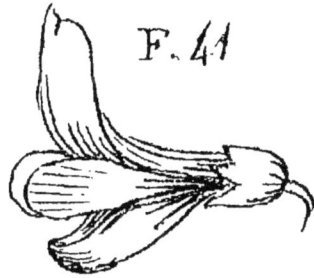

F. 41

F. 42

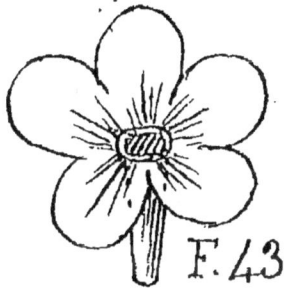

F. 43

F. 44

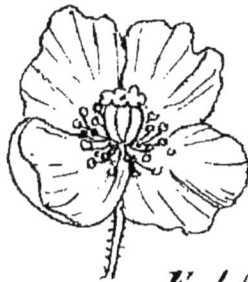

F. 45

F. 46

46. bis

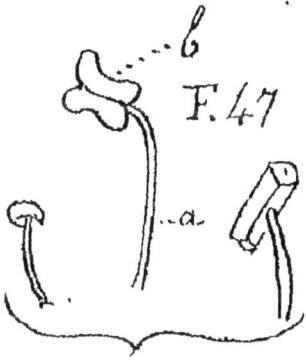

b

F. 47

a

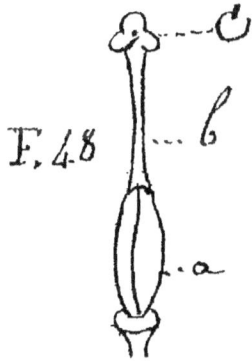

F. 48

c

b

a

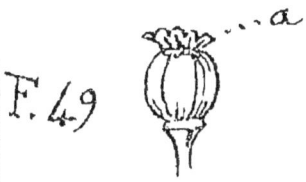

a

F. 49

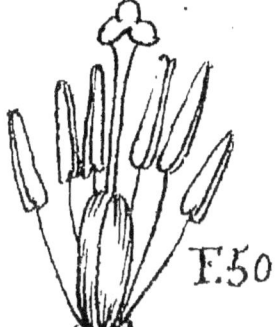

F. 50

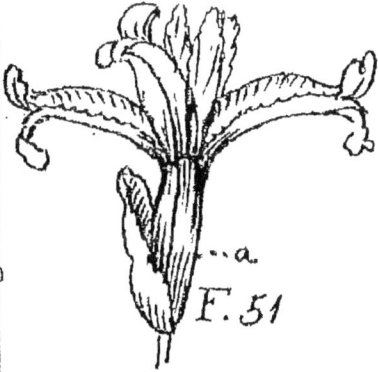

a

F. 51

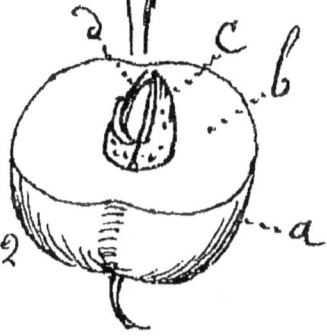

d *c* *b*

F. 52

a

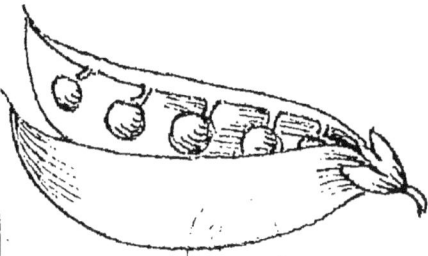

F. 53

a

53 ᵇⁱˢ

F.54

F.55

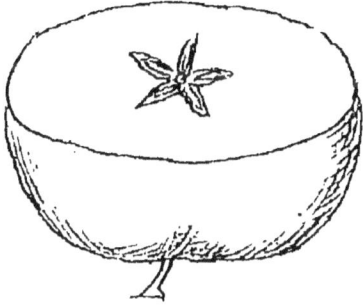

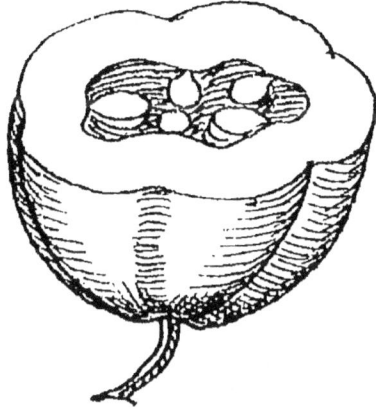

F.56

F.57

F.58

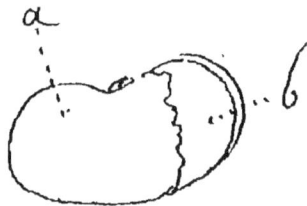

F.59

F. 60

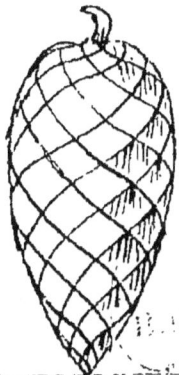

a

6

F. 61

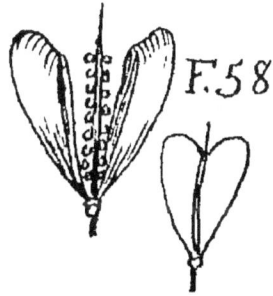

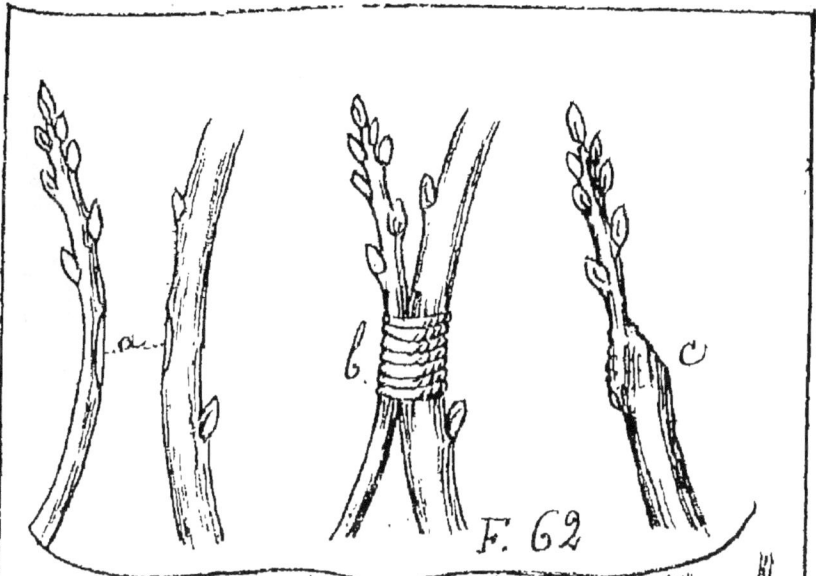

F. 62

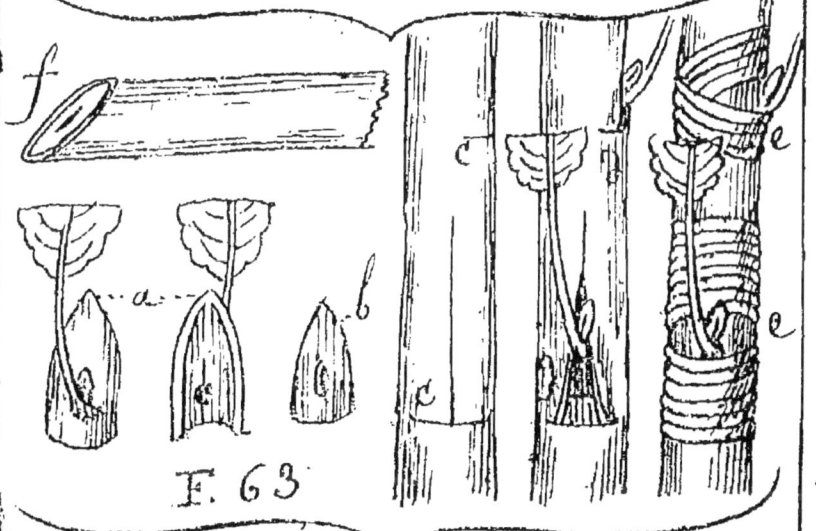

F. 63

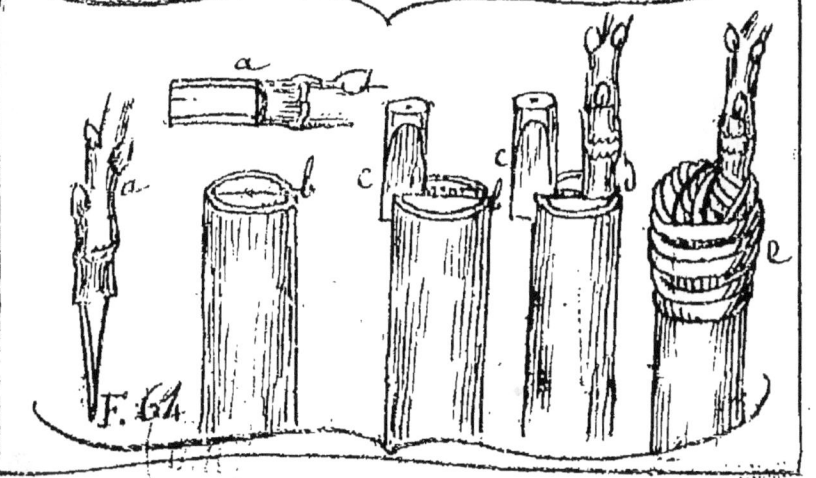

F. 64

www.ingramcontent.com/pod-product-compliance
Lightning Source LLC
Chambersburg PA
CBHW050601210326
41521CB00008B/1063